日本第一の

猶太商人

Foreword
前言

藤田田

這不是一部古老的猶太經典，而是一部現代猶太商人的賺錢經典！

在當今世界上，猶太商人被公認為「世界第一商人」。這一美譽除了表明世人對猶太商人經商理財的才幹的服膺和激賞之外，還於無意中折射出人們對猶太商人作為商人的最典型、最純粹、最理想的代表的一般認可。

在世界各國的商人中，經商手段各有不同，理財才幹也自有高下，但無論就民族的起源及其地理環境，還是民族的歷史遭際和社會處境而論，能同商業活動的展開條件和商人本身的社會屬性有如此高度吻合的，唯有——猶太商人。

世界上各個民族都有自己的商人，各民族的商人都有自己的特點，然而，唯有猶太商人卻以其獨具的民族特性，突顯在一切其他民族的商人之上：

世界上沒有第二個民族像猶太民族那樣，在二千多年的時間裡保持著「純經濟形態」的存在，形成了一以貫之的商業傳統；世界上沒有第二個民族像猶太民族那樣，在長期寄居於其他民族的社會中，備受岐視，迫害乃至殺戮，卻一次又一次以

「有錢人」的形象崛起，以至於猶太人幾乎成了錢的同義詞；

世界上沒有第二個民族像猶太民族那樣，在缺乏牢固的血緣和地域紐帶的情況下，以一部《塔木德》作為民族智慧的結晶，以它來解釋《聖經》的猶太典籍中，已經早早地包含了現代商業合理精神和現代法制形式化傾向的胚芽，以至被人們認為是現代資本主義精神之源；

世界上沒有第二個民族像猶太民族那樣，在現代商業體制及其運行機制方面有過如此眾多的貢獻，從商法到基本經濟學概念，到市場運作構件，到實業組織形式，都留有猶太民族的不可消除的印跡；

世界上沒有第二個民族像猶太民族那樣，以僅僅一千四百萬人口的小民族身分，卻在當今金融界、實業界擁有如此之大的影響，猶太商人的經濟實力已經成為今日世界上少數幾支最強大的經濟力量之一！

一句話，世界上沒有第二個民族像猶太民族那樣，同人類社會的商業發展有著如此原初、如此密切、如此連貫、如此成功、如此超越時代的吻合！

因此，想賺錢的話，就要用猶太人的賺錢絕招來做生意，幾千年來，原則不變，只是作法不同，可仍是一代又一代的大賺其錢，這其中的奧祕都在本書之中！

目錄

前言／3

Chapter 1 賺錢是向崎嶇不平的道路挑戰

1 咖啡店已經走下坡了／12
2 不要免費幫別人宣傳／16
3 「節省時間的商品」一定會暢銷／18
4 頭腦和電腦的使用方法／22
5 使用電視做生意／25
6 「富國樂民」的建議／26
7 每年增加一百五十萬客戶的方法／29
8 下次賺錢的時候是……／31
9 掌握時代的潮流／34
10 最好是稍微往前走／36
11 光是「物美價廉」還不行／38
12 猶太人保持耳後的清潔／39
13 「順風的賺錢絕招」和「逆風的賺錢絕招」／40
14 全天候行的生意終遭失敗／42
15 尋找需要的方法／44
16 時間的運用方法決定勝負／46
17 「Know-how」有其限度／47

18 夜晚之後就是早上，應預備早上的來臨／48
19 不要將「景氣不好」這個字眼掛在嘴上／49

Chapter 2

麥當勞是一種文化

20 「麥克唐納爾茲」和「麥當勞」／52
21 紅色與黃色的戰術／56
22 治癒舶來品自卑情結／58
23 有效地運用瞬間催眠術／60
24 找出做生意時的「甜言蜜語」／62
25 店內不可擺置酒、公共電話和自動點唱機／64
26 科學的精神可以喚來財運／66
專欄・撼動世界經濟的猶太人的光與影／70
・「樹大招風」不斷地遭受打擊／70
・席捲整個歐洲的大富豪羅斯柴爾德家族／71
・黃金、鑽石和猶太人／73
・偉大的發明、發現，原點在於猶太人的頭腦／75
・猶太人那麼會做生意是天性嗎？／76
・猶太人成為放高利貸者的背景／77
・產業革命使猶太人成為富翁／78
・從猶太笑話上看到的成功法則／79

・美國是猶太人的天堂嗎？／８１
・政治家與猶太人／８２
・光榮顯赫的猶太裔美國人／８４
・猶太人分布於全世界／８５
・猶太人小氣嗎？／８６
・猶太人和日本人／８７

Chapter 3 勤奮工作的員工是公司至寶

27 為了員工，不可愛惜金錢／９０
28 抓住員工太太的心／９１
29 我將員工的生日當作公休日／９４
30 百分之十六的丈夫都擁有秘密／９７
31 向太太要零用錢的時機／９９
32 用表揚的方式回報員工／１０１
33 鼓掌具有喚來客人的力量／１０３
34 事業是從內部開始潰散的／１０５

Chapter 4 如果悶不吭聲，就無法飛黃騰達

35 不要和老闆一起去旅行／１０８
36 和別人是不是要保持距離／１１０

37 員工表現不佳，不要向老闆解釋／111
38 讓人做他自己想做的事／112
39 對女性員工直呼其名／113
40 日語的缺點／115
41 在現世即可活於天堂中／117
42 做生意就是「成者為王」／118
43 一攫千金不是做生意的手法／120
44 做生意必須洋化才行／121
45 工作效率低落時，就到外國去／125

Chapter 5

憑自己的頭腦取得天下

46 高昂的稅金使日本變得沒有希望／128
47 從「扔掉」開始教育起／132
48 舶來品自卑情結與攘夷論，只有一紙之隔／134
49 漢堡帶來文化衝擊／137
50 猶太人的經商方法保證會增加營業額／138
51 讓客人玩遊戲／143
52 撿到一百日圓的硬幣時該怎麼辦？／146
53 輕而易舉即可激發員工的「幹勁」／148
54 讓員工成為富翁／149

55 不是具有外資的背景，而是具有外國技術的背景／152
56 不適合營公司，而是合金公司／153
57 麥當勞打的是總體戰／155
58 REATAL（零售業）就是DEATAL（細部）／156
59 最美味的是吸允母奶的速度／158
60 「奶昔」成為暢銷商品的啟示／162
61 畏懼神祇就賺不到錢／163
62 不能讓客人等待超過三十二秒以上／164
63 飲食嗜好正迅速地改變／165
64 日本的年輕人富有個性／166
65 從味噌、醬油轉為番茄醬／168
66 讓員工會說外語／170
67 讓員工看看世界／173
68 我的員工是漢堡大學的畢業生／174
69 使兼職人員成為一大戰力／176

6 Chapter 你也能有這樣的創意

70 雖然日本的產品受到好評，但日本人卻無法受到讚美／180
71 要明確地說出Yes、No／182
72 學會幽默和說笑話／184

目錄

73 就連「竹筍」都可以用在商業談判上／186
74 如果執著於日式飯菜，在商場上就不能獲勝／188
75 準備進行生活環境的革命／191
76 我不能免費地教育別人的孩子／192
77 試著製作純金的名片看看／193
78 可以一點一點地修正／194
79 對事物的看法並非只有一種／195
80 五分鐘後可以消費掉的優點／196
81 井依直弼已經想到一百年後的情況／197
82 不要將戰略與戰術混為一談／200
83 不妨將信號燈改為〇△×的方式＝銷售汽車的方法／202
84 電話的鈴聲也可以做為廣告使用／204
85 以二十分鐘的時間來教育員工／205
86 關於工作上的效率／208
87 付給員工高薪的公司不會倒閉／211
88 為什麼「熱騰騰便當」會成功？／213
89 二十七名華僑敵不過一個猶太人？／215
90 以從零到五千億產業為目標／217

第1章

賺錢是向崎嶇不平的道路挑戰

1 咖啡店已經走下坡了

但依我看，咖啡店已經是走下坡的產業。我這樣說，也許經營咖啡店的業者會氣得對我提出抗議。可這卻是不容否認的事實。

最近，美國最大的咖啡店轉讓給別人，咖啡店的時代可以說是已經快結束了。戰後，美國出現許多咖啡店，蔚為一股風潮。然而速食業出現之後，立即席捲餐飲業，咖啡店因而式微。

可是，以日本的情況來講，是我先把速食業帶進來之後，才出現咖啡店的。

換言之，原本逐漸式微的行業卻在後面追趕已經稱霸餐飲業的企業。因此，咖啡店無法勝過速食業。在不久的將來，咖啡店一定會向速食業舉白旗投降。但雖說如此，我也不認為速食業可以優閒自在，穩坐泰山。

為了生存，麥當勞漢堡已經一步一步地做好作戰準備。我居住的東京八王子市附近，目前在國道十六號線上每十公里就有十一家咖啡店。

我特意在這段路線的正中央開了一家麥當勞。

不過，和以往開的分店完全不同，這家麥當勞還附設室內游泳池。而且不只是室內游泳池而已。這個游泳池的天花板採取圓形設計，像巨蛋可以關閉自如。夏天時，就打開天花板讓陽光直接照射下來，冬天時就將天花板關閉起來，成為溫水游泳池。關閉天花板之後，可以節省能源，比過去的溫水游泳池節省三分之一左右的能源。

現代人是屬於「多目的型」的人，光是用餐一項，不太容易從中獲得滿足。在用餐前都會想做些什麼事。因此我在「用餐前是不是可以讓客人游個泳？」的構想下，在麥當勞店內開設了一座游泳池。

不過，我也不是未經盤算就搭蓋游泳池。我將游泳池、網球場和室內運動場總稱為「發汗產業」。而且根據我的看法，現代將是「發汗產業」的時代。

換言之，讓客人流汗賺錢的時代已經來臨了。因此，我將游泳池和漢堡相互搭配，使「發汗產業」和餐飲產業結合在一起。

十一家咖啡店裡除了咖啡，都非複合型的經營，而我們這一家漢堡店卻附設「發汗產業」的營業項目。

客人會去哪一家，這也是不言而喻的事。

麥當勞速食加上「發汗產業」，讓我可以抬頭挺胸、自信滿滿地說：「我就是第三次產業的冠軍。」

十一家咖啡店恐怕已經陷入恐慌的狀態中，但不管多麼地驚慌失措，沒有資金、場地，也無法馬上就蓋起游泳池來。

咖啡店遭到徹底擊垮時，除了打退堂鼓之外，則別無其他方法了。

腦筋不好的傢伙，不管處在什麼時代都會遭到淘汰

第一次產業和第二次產業在日本已經走到窮途末路，照這樣下去，不管出現什麼樣的政治家，都無法使景氣復甦了。

任何一種產品都已經達到飽和的程度，所以第一次產業和第二次產業已經快要沒有生存空間了，剩下的就只有第三次產業，也就是服務業。

然而，提到服務業這個話題，我就想到大家都一窩蜂地去開餐廳，不管是阿貓阿狗，都紛紛從事餐飲業，第三次產業中的餐飲業很快就會達到飽和狀態。

餐飲業目前可以說是已經進入了激烈競爭的時代。因此，今後就連餐飲業界中腦筋不好的傢伙，也會遭到淘汰而銷聲匿跡。

當餐飲業達到飽和狀態時，就應該再繼續往下一個第三次產業前進。下一個第三次產業，就是「發汗產業」。

我之所以會將餐飲業和「發汗產業」結合在一起，也是認真地考慮過──「餐飲業處於飽和狀態中應如何生存下來？」的問題。

「發汗產業」將會大有發展，從跑步機和懸吊式健康器材的普及，就可以明顯的看出其未來的發展。

我不認為跑步機這種像猴子一樣，在同一個地方跑步的物品，或懸吊式健康器材會步入工業化的階段，而大量生產、銷售！因為這些器材到頭來只會為使用者帶來痛苦。

我認為能夠步入工業化階段的產品，必須讓使用者用起來愉快才行。

但儘管如此，跑步機和懸吊式健康器材目前的銷路極好，足以證明「發汗產業」具有發展的潛力。我經營的「發汗產業」有一個宗旨，就是必須讓顧客感到愉快才行。

因此，我把眼光擺在室內游泳池和室內網球場上，因為這兩個地方都可以讓客人輕鬆愉快地流汗。於是我將這兩種「發汗產業」的冠軍項目和餐飲業的麥當勞漢堡店結合在一起。

如果我的這個構想成功，街道上的餐飲業是否全都會被我封殺出局呢？

2 不要免費幫別人宣傳

我找設計師幫我設計與「發汗產業」結合在一起的第一座游泳池之後沒多久，日本輕金屬的執行董事上田先生就請求和我見面。

在我和他見面時，他開口對我說道：

「藤田先生，貴公司的游泳池，事實上是由我們日本輕金屬所製造的。」看來，是我委託的那位設計師將技術開發的工作交給日本輕金屬去做了。

「所以，那個游泳池請務必讓我們烙上『日本輕金屬製』的字樣。」

「可以啊！那你們要付我多少錢？」

「當然是不需要收費，不是嗎？」

上田先生露出「這是日本輕金屬製造的，當然是不能收費」的表情。

「那麼，請您回去！」我指著門口說道。

「想要蓋游泳池的人看到我們的游泳池，內心一定會受到極大的衝擊，因為日本過去所建造的游泳池與我們的游泳池相比，簡直是小巫見大巫。在這麼漂亮的游泳池上烙上『日本輕金屬製』的字樣，那麼貴公司應該會受到如雪花般飛來的訂單，對你們來說，這是一個非常大的宣傳，你要我不收取任何費用，而將你們的公司名稱烙在上頭，那你把我當成什麼？是把我當成傻瓜嗎？如果你們願意提供廣告費給我，我會讓你們把公司名稱的字樣烙在上頭，就算是斗大的字也無所謂。」

我這麼說，讓上田先生感到非常驚訝，但我是不會笨到免費幫別人做宣傳的。幫別人宣傳時，能收取費用還是要收。

所謂做生意，就是這麼一回事，可不能太過姑息。

3「節省時間的商品」一定會暢銷

到一九八三年為止，麥當勞在全世界擁有七千三百家連鎖店，第五千家麥當勞店則是日本的江之島店。

江之島店在一九八二年八月僅僅一個月之內，就創下營業額九千五百萬日圓的紀錄。那一年的八月，雨水多，溫度低，前往海水浴場的遊客比較少。在這麼惡劣的條件之下，竟然能夠創下如此輝煌的紀錄。

位於銀座四丁目的三越百貨銀座店，那個月的營業額為五千萬日圓。所以，麥當勞江之島店有這麼高的營業額，實在是令人非常驚訝。如果按照這種情況來看，每一家店的年營業額將可以達到十億日圓，這是過去的餐飲業從未想過的天文數字。過去的餐飲業，每一家店的月營業額為六百萬日圓或七百萬日圓，而麥當勞江之島店竟然能夠創下月營業額九千五百萬日圓的紀錄。

老實說，連我自己也覺得很訝異。

我在江之島店開店之前，已先調查過汽車流量。我打算開店的地方距離江之島火車站大約一公里，所以步行者幾近於零。

這是以步行者為銷售對象的生意絕對做不起來的地方。根據調查的結果顯示，汽車的流量一天大約是一萬四千輛。步行者為零，每天有一萬四千輛汽車經過。那麼，除了抓住開車的顧客之外，別無其他方法。

而且如果以車內的客人為銷售對象，那麼像過去那種從停好車，走過來購物的方式，絕對無法期待能夠賺大錢。

我認為一定要讓車子開過來，在車上直接訂購，直接拿走訂購品，這樣才行。

於是，我馬上拜託松下通信工業（小蒲秋定董事長）和新力（盛田昭夫董事長），請他們幫忙研發用電視電話接受客人訂購的系統。

我的構想是，開車的客人來到電視機面前訂購他想要的食品，店內的從業人員聽到之後，立即把客人訂購的食品包好，在出口等待，立即交給客人。就這樣，我們積極地研發出這種系統。我將此一系統命名為「路邊商店（drive-through）」，並首先設置於江之島店。

結果，這個構想非常成功！

直接在車上訂購，在出口就可以拿到訂購品的系統，受到忙碌的現代人所歡迎。就這樣，江之島店才能夠創下月營業額九千五百萬日圓的紀錄。

這個系統給我很大的幫助，現在我有三十家店採用此系統。採用此系統的任何一家店都獲得使用者的好評，營業額也逐漸提升。

當然，明年我打算將此系統推廣至更多的分店。

「路邊商店（drive-through）的英文意思是「開車經過」。小孩子們沒有駕駛執照，但總覺得很有意思地騎著腳踏車來購買。

我說個題外話，也有騎著馬的客人，出現在江之島店呢！

總之，我想出來的「路邊商店（drive-through）」的方式，打破了麥當勞是「站著吃的餐廳」這種過去給人的印象。

現代人不管願意與否，都忙得不可開交，沒有絲毫的個人時間。對現代人來講，無法漠視的一件事就是節約時間。

現代人最關心的事情之一，就是如何節約時間與更有效地使用時間？

最近，用完即丟的打火機非常普遍。為什麼用完即丟的打火機會受到現代人所歡迎呢？因為可以節省換打火石、補充液化瓦斯的時間。對繁忙的現代人來講，換打火石和補充液化瓦斯是挺麻煩的一件事。

即使是照相機，也是流行操作簡單，不需要對焦或決定曝光時間的傻瓜相機。只要按下快門即可拍照，底片用完時，也會自動捲片，所以可以大幅減少時間。

這是能節省時間的產品受到現代人歡迎的一個例子。

速食食品業原本也是節約時間的產業，節約時間的速食餐廳會勝過咖啡店，那也是不言而喻的事。

GNP（國民生產毛額）增加，國家並不會變得更為富饒，反而會形成時間不足的情況。文明越進步，生活就越複雜，現代人的時間也因而感到不夠用。

今後在推展事業時，若能考慮到節約時間的問題，一定可以獲得成功。

4 頭腦和電腦的使用方法

我在研發「路邊商店（drive-through）」時，曾經計劃將收銀機電腦化。因為我覺得以往的機械式收銀機並不理想，那種收銀機又古老又沒有效率。因此，我委託松下通信工業幫我研發運用電腦的新型收銀機。

松下通信工業願意為麥當勞著手研發新型的收銀機，但問我要訂購幾台，如果訂購的數量很少，利潤就不夠用來作為研發費。

當時，即一九七九年左右，麥當勞在日本全國不過才兩百家，而我卻向松下通信工業保證會向他們訂購五百家店份的新型收銀機。

因此，松下通信工業就著手研發，而製造出運用電腦的新型現金出納系統——POS（Point of sales Syestem：銷售點資訊管理系統）。

以前那種收銀機會發出吵雜的聲音，但研發出來的新系統則不會有雜音，而且一下子就能算出一天的營業額。不僅如此，也可以算出各時段的營業額，亦能瞬間計算出「一種產品的不同形式」的銷路，比方說：漢堡、起司堡賣出幾個等等。

麥當勞稱兼職員工為CREW，這部系統也能在瞬間算出CREW的工作時間，而且可以連線作業，總公司可以在很快的時間內掌握所有分店的營業額。

在這個系統開發出來以前，麥當勞總公司必須在上午九點到中午這段時間，由十位女性職員打電話至三百六十家分店統計前一天的營業額。

總公司的女性職員打電話去分店時，當然不會省掉問候語就直接問說：「昨天的營業額是多少？」而一定會先說：「你早。」對方也會回答說：「你們那邊的天氣怎麼樣？」說了一大堆客套話之後，才進入主題。這樣不但浪費時間，電話費也不容小覷。而且打電話免不了會聽錯、寫錯。

因此，各分店事後送來營業額合計的文件，文件上的數字經常和電話中講的數字不符。然而，全面電腦化之後，以前需要花三個小時才能整理出來的統計資料，九點五分就能夠全部匯集在總公司。

在時間方面，也可以節省兩小時五十五分。

因此，十位女性職員也不需要從事這方面的工作，可以節省人事費和電話費。所以，使用電腦絕對沒錯。

由於所有的店面每年原本需要花費兩千五百萬日圓的電話費，使用電腦之後，這些電話費都可以節省下來，節省的金額不可謂不大。

機械式收銀機需要用到記錄營業額的用紙，每家店一個月要花八萬日圓購買記錄用紙，現在這項費用也可以節省下來。

由於這個系統非常好用，所以我就帶至美國麥當勞總公司的董事會上展示。當時，美國約有六千家麥當勞速食店，這些速食店幾乎都還是使用機械式的收銀機。我向美國總公司建議道：「我在日本使用的是這種產品，美國方面是不是也可以採用？」總公司方面回答：「如果那麼方便的話，美國也要立即採用。」

這種系統目前一組一萬兩千美元，很順利地就外銷至美國。如果美國的麥當勞店全部使用這種系統的話，松下通信工業就可以做成一百五十億日圓的生意。

在我請松下通信工業幫我研發「電腦收銀機」之初，松下董事長小蒲先生怕我訂購太少，一副為難的表情。不過，在決定外銷美國之後，他就滿臉笑容地來找我了。松下通信工業也在報紙刊登了附有照片的廣告，大肆宣傳：「這是全世界麥當勞指定使用的ＰＯＳ系統。」

我將誕生於美國的麥當勞漢堡輸入日本，而這次則用更科技的日本產品反輸出到美國去，賺美國人的銀子。美國誕生的產品在日本經過一番琢磨後，再回銷到美國。做生意賺錢的祕訣，就在這裡。

5 使用電視做生意

在「路邊商店（drive-through）」中，客人是面對電視訂購食品。有數百萬人擁有電視機，但運用電視機來做生意的，就只有麥當勞而已。我想出了將「觀賞節目用」的電視，用來做生意的方法，並且十分成功地運用在與顧客的交談上。

如果認為電視只是用來「看」的，就不會產生這種構想。若是能讓電視「和人對話」，就可以運用在做生意方面。做生意就是要不斷有創意。

6 「富國樂民」的建議

明治維新以後，日本的口號是「富國強兵」。

可是，時代已經改變了！我認為今後必須採取「富國樂民」的政策才行。政治家如果繼承富國強兵的政策，只是強化第一次產業和第二次產業，功效並不大。

比起韓國、香港和中國大陸而言，日本的服務業是相當充實的，但服務業可以發展的領域還有很多。例如以游泳池來講，西德的游泳池在人口比例上，比日本戰前的公共澡堂還要多。正如日本戰前的公共澡堂是生活必需品那樣，游泳池在西德也是生活必需品。日本的游泳池數量還是不夠。

充實服務業，使國民能夠生活愉快，就是所謂的「樂民」。

最近，雖然各地都可以看到室內運動場，但「苦」的成分比「樂」還要多。大學體育系畢業，身材不錯，滿臉青春痘的女教練對著健身的客人發號施令：「跑快一點！跑快一點！」

在這種情況下，自然無法愉快地跑步。

但如果是雇用銀座酒店內漂亮的吧女擔任教練，以嬌柔悅耳的聲音輕聲地說道：「再跑一圈給人家瞧瞧嘛！」客人應該會跑得很高興，原本只能跑兩圈，硬著頭皮也要跑上三圈。一邊跑，還一邊愉快地想著：「再跑一圈的話，說不定她會用那滑膩的玉手握我的手，表示鼓勵呢！」

因為我也曾經接受過這種教練的嚴格訓練，那種訓練過程，實在是無趣極了！坦白說，第二天我就不想再去了。

首先，我們要穿上類似海軍學校工作服的服裝，在教練大喊：「熱身運動開始！」之後，開始活動筋骨。如果我們發出叫苦聲的話，教練就會大聲斥責：「囉嗦什麼！繼續做！」

做完熱身操後，教練立即帶我們去豎立著類似單槓的地方，然後說道：「一升，二降。開始，一、二、一、二……」

不管是升或降，做起來都不是很輕鬆。

假如運動不會讓人覺得愉快的話，而只是一件苦差事，那就無法持續地做下去，也不會讓人想要再運動了。

就連跑步機也令人感到無趣。但如果跑步機與電腦或電視結合在一起，可以一邊跑步，一邊欣賞各種景緻，那就另當別論了。

即使是懸吊式健康器材，如果只是用來做懸吊運動的話，也是毫無樂趣可言。假如能夠想出什麼令人覺得愉快的裝置，一定可以大賣特賣。

擁有投資新服務業，推動「富國樂民」頭腦的人，一定會賺錢。在服務業的領域上，遍地都有能作為新事業來展開攻勢的有趣事物，只要肯花心思，就可以帶來一筆又一筆的財富。

7 每年增加一百五十萬客戶的方法

我開始做速食業，是在一九七一年，那一年是東名高速公路與名神高速公路相連接的一年。我估計若東名高速公路與名神高速公路相連接，不管願意與否，日本必然會進入高速公路的時代。如此一來，日本國民的生活節奏也會改變，新的時代將會來臨。

有了這種想法之後，再仔細地觀察即可瞭解，一九七五年之後，戰後出生的人數將會超過總人口的百分之五十。換言之，一九七五年是人口的分水嶺。

我認為在人口分水嶺的時代來到之前，如果不能發展到至少一百家連鎖店的話，麥當勞就很難經營成功。我將攻擊目標明確地集中在不會排斥「麵包和肉」的顧客層中。於是，我以一九七五年為目標，專心致志，不斷努力。

總算跨越了人口分水嶺！此後，人口年年增加，能夠接受麵包和肉的年齡層，年年增加的時代也告來臨了。

麥當勞可以說像似順風的帆船，一路飛駛而去。

目前，日本的總人口數約一億兩千萬人，簡單算來，一年增加了八十萬人口。不過，對麥當勞來說，卻是每年增加了一百五十萬名人口。

人口增加八十萬，也就是說，每年有一百五十萬人誕生，有七十萬人死亡。去世的七十萬人大多是不喜歡麵食，而習慣於米食的舊時代人士，他們不可能成為購買漢堡的顧客層。

然而，剛出生的一百五十萬人不曾吃過米飯，也不曾吃過麵包。如果這一百五十萬人從出生起就記住漢堡的味道，就會成為喜歡吃漢堡的人。

去世的七十萬人已經無濟於事，但我必須重視每年出生的一百五十萬人。

雖然單純來計算的話，日本每年各增加八十萬名的人口，但我認為實際上是增加了一百五十萬人。

以做生意的眼光來看，每年增加八十萬人口是錯誤的，而必須認為是每年增加了一百五十萬人。而且既然要做生意，就必須以增加的一百五十萬人為對象。

以即將死亡的人為銷售對象來做生意，沒有發展的前途，只會每況愈下。

假如把漢堡塞入剛出生的人口中，每年就可以增加一百五十萬名顧客，十年後就增加了一千五百萬名顧客。

想要賺錢的話，就必須以這種眼光來看待社會和時代的發展。

8 下次賺錢的時候是……

日本在一九七五年面臨了人口分水嶺的形成，下次會讓日本國民的生活節奏產生巨大變化的時間，應該是在一九八五年。

一九八五年，新・新幹線磁浮式超高速列車即將動工，完工之後，東京至大阪只要一個小時的車程即可到達。

根據國鐵指出，從現在國鐵的技術來看，這條新・新幹線需要三年多才能完工。就算技術方面只需三年即可興建完成，但包括收購土地在內，一般認為實際上也得花上十年。

然而，如果一九八五年動工，最慢在一九九五年即可完工。到那時候，日本就進入從東京到大阪只要一個小時車程的時代。

如此一來，時代的節奏就會完全改變，預料日本國民的生活節奏還會更快。

「此時此刻」就是新的賺錢機會來臨的時候。時代節奏完全改變，意味著一切日常生活都會改變。

在該時代到來時才驚惶失措的話，就已經來不及了。從現在起就必須思考：到了一九八五年時應該如何因應？要怎樣才能賺錢？

那麼，到了一九八五年時，我們日本麥當勞應當也會成長為年營業額一千一百億日圓的公司。我也認為從現在起，必須擬定麥當勞的長期戰略，以迎接一九八五年的來臨。

根據日本政府的統計資料顯示，米的消耗量每年減少百分之二。百分之二說起來是不多，但十年之後就減少了百分之二十，二十年之後就減少了百分之四十。

如果維持現在的狀態，米的消耗量持續減少，則二十年後米的消耗量將比現在減少了四成以上。

政府提出「米的消耗量每年會減少百分之二」的警告，依我看來，彷彿是在向我保證「麥當勞的生意一定會更成功」。

假如繼續維持這種情況，二十年後日本人給外國人的印象，就不再是一成不變的「米食人種」了！

應該會出現「漢堡人種」來代替「米食人種」。而「漢堡人種」也不需要再使用鋪在榻榻米上的坐墊、日式睡衣和浴衣。

諸如此類，飲食習慣的改變不僅會改變與飲食有關的產業，也會給各行各業帶來莫大的影響。從現在開始就必須預做準備，因應時代的變化。

「東京至大阪只要一個小時的車程之時代即將來臨」，是不能漏聽的大新聞，若是沒有發覺到這一點，根本無法賺到錢。

新的新幹線動工所引起的震撼，大概比東海道新幹線開通時還要大。不管是通勤範圍的問題或土地問題，都必須從新角度來重新評估。

9 掌握時代的潮流

一九七一年七月二十日，我在銀座設立了第一家麥當勞店。當時的大眾傳播媒體異口同聲地指出：銀座不是販賣漢堡的地方。

現在，包括麥當勞銀座八丁目店（銀座第二家麥當勞店）和競爭店在內，共有五家漢堡店。十年前一家都沒有，此時已經增加為五家漢堡店。如果單純用這種步調來預估，下一個十年還會再增加五家店，總共就有十家了。

到了二〇〇〇年，銀座很有可能就只剩下一家壽司店，其餘的都是漢堡店。

在銀座設立第一家麥當勞時，我曾說過：「十年後，麥當勞的營業額將佔餐飲業界第一。」我也預言：「漢堡將征服全日本。」然而，認真地體會我這個預言的人，除了我公司的員工之外，一個也沒有。

那時候有人在背後說我的壞話，把我罵得很慘，罵我是：「吹牛皮、瘋子、笨蛋……」還詛咒般地說：「不用十年，不到三個禮拜，麥當勞就會倒閉！」

但事實上，我把麥當勞經營成營業額佔全日本餐飲業第一的成績。

我的預言實現了！

依我看，佔日本餐飲業界第一的，應該是販賣日本飲食的壽司店或日式餐廳。我認為傳統的日本食物穩坐餐飲業王座是應有的姿態。

然而，十二年前從美國登陸的漢堡，卻奪走了全日本第一的王座，這……究竟是怎麼一回事呢？

按照我個人的解釋，麥當勞之所以會成為日本餐飲業第一，是因為日本的飲食潮流已經朝向漢堡的方向進展。只不過我比別人先掌握了這個時代的潮流，順應此潮流而打贏了這場戰爭。

假如朝著與潮流相反的方向前進，鐵定會失敗。

10 最好是稍微往前走

就以前面所說的，新的時代將會在一九八五年來臨，那麼在新的時代該販賣什麼才會賺錢，就成為重要的問題了。

我覺得新時代來臨時，過去不存在的新產品將會大賣。可是世事卻非常有趣，太過先進的產品反而無法賺到錢。

最好是稍微往前走就好。也就是說，把現在已經存在的產品稍微改變一下即可。如果改變太多，沒有人跟得上。

所謂「世事」，就是這麼一回事。

這個道理也可以應用在餐飲業上，我認為十年後會大賣特賣的食物，就存在於現在餐廳中的菜單上。

那究竟是什麼呢？我也不知道！

或許是炸蝦蓋飯大賣，或許是漢堡大賣。

總之，現在已有的食物應當會突然暢銷起來。現有的食物形狀和味道都維持原樣，而光是考慮到怎麼做才會賣得便宜一點？怎麼做才會早點送到客人手中？怎麼做才會更方便？就能研發出暢銷的商品。

一九八五年時銷路會激增的商品，絕對不是現在尚未出現的產品。從什麼東西都沒有的地方突然出現的產品，往往都只會曇花一現罷了。過去已經存在的產品，只要稍微改良一下，有一天就會成為暢銷的商品。若能比別人先看出那商品是什麼，就會賺大錢。

洞察先機，就是要稍微往前走……

11 光是「物美價廉」還不行

世人似乎都認為——「商品品質佳，又賣得便宜的話，一定會暢銷。」

但依我看來，這不過是個錯覺。

「物美價廉」的商品不見得就一定暢銷。想要銷路佳，除了「物美價廉」之外，還要有「附加價值」。什麼是「附加價值」？

我覺得是氣氛！製造出容易購買的氣氛是非常重要的一點。

在「物美價廉」上，必須加上舞台裝置和出色的演出。否則即使是「物美價廉」的商品，也不見得會暢銷。

以低廉的價格銷售品質佳的商品，始於超級市場。剛開始時，物美價廉的商品銷路確實很好。大榮和Itoyokado，就是以這種方式做生意。然而，若今後光是採取此種方式，也無法做成生意。

今後是運用舞台裝置和表演的方式來銷售價格高、品質優良之商品的時代。

12 猶太人保持耳後的清潔

猶太人不管面臨什麼樣的緊急狀況，在就寢前一定會清洗陰部、腋下和耳後。我本來對猶太人洗清耳後這件事，也感到百思不解。

後來發現不只是猶太人，就連日本身體健康的老人前往餐廳，從服務生手中拿到濕毛巾時，也會無意識地擦拭耳後。

針灸學也指出，刺激耳後的穴道可以維持人體的健康。看來，觸摸耳後似乎對健康有莫大的好處。人類的智慧是長年累積下來的，這一點並不需要證明。仔細想想，很多地方都讓人覺得很有道理。

許多猶太人的智慧都是五千年來累積而成的，清洗耳後也是因為那裡有人體上的穴道。我覺得正如人體上有穴道那樣，在經商方面也有穴道。

只要按壓經商方面的穴道，即將倒閉的事業也可以重新站起來，擬定的新事業計劃亦能順利完成。然而，沒有人教我什麼是經商方面的穴道。如果想要事業成功，賺大錢，就一定要摸索出經商方面的穴道。

13「順風的賺錢絕招」和「逆風的賺錢絕招」

在前面我曾經說過：每年會增加一百五十萬的人口。

世上有「順風的賺錢絕招」和「逆風的賺錢絕招」兩種。

客人逐漸減少的生意是「逆風的賺錢絕招」，而顧客漸漸增加的生意，則是「順風的賺錢絕招」。

假如有意實行「順風的賺錢絕招」，就必須以每年誕生的一百五十萬人為銷售對象。我企圖把漢堡塞到每年誕生的一百五十萬人的手中來做生意，因為只要讓他們從小就記得漢堡的味道，我就可以獲勝。

人一輩子都會習慣從小記得的味道。

我自己就是一個很好的例子。我出生於大阪，每次前往大阪總公司時，午餐一定會點加了油炸豆腐條和蔥花的清湯麵。

我的員工總是問我：「老闆，要不要換個口味，叫比較好吃的餐點？」

可是，我還是喜歡吃加了油炸豆腐條和蔥花的清湯麵，理由很簡單，因為那是我從小就吃習慣的食物。

因此，從一出生就被人把漢堡塞入口中長大的小孩，長大之後，午餐絕不會說要叫加了油炸豆腐條和蔥花的清湯麵來吃，而是一定會這麼說：

「午餐就吃麥當勞的漢堡吧！」

我的目標就在這裡！

做生意必須要有耐心。不是一、兩年內即可分出勝負，至少要一代，如果不打算經營三十年，那可是不行的。

經過三十年之後，孩童長大成人，當起父母親來，時代也會跟著改變。

吃漢堡長大的那一代成為父母親後，應當也會拚命地餵自己的小孩吃漢堡。

換言之，只要努力三十年，漢堡就會從父母傳到子女，再從子女傳到孫子，永遠地流傳下去。

不能堅持一代之久的生意，不能算是生意。

14 全天候型的生意終遭失敗

我覺得日本人總是拘泥於「全天候」的想法。

日本春夏秋冬四季分明，要我來講的話，我覺得是一件可悲的事。第一，會給商業領域帶來災害。例如，因為有春夏秋冬四季之分，所以不管是北海道或九州，都販賣相同的汽車是不對的做法！

我認為夏季時，可以在北海道銷售敞篷車。日本人經常想要販賣春夏秋冬都可以通用的商品，因此，日本人才會那麼窮。

像海邊小屋那種只能在夏天海水浴季節，一年約半年左右才能做的生意，可以再增加一些。因為半年就可以賺足一年的錢。

以全天候型為目標的生意，由於力量分散，所以會失敗。

做的若不是全天候型的生意，應該可以賺大錢。

如果更進一步地推動「非全天候型的生意」，就可以應用在各種事物上。

例如，日本國內零歲至三十九歲的年齡層，佔總人口的百分之六十五。換言之，三十九歲以下的年輕人共有七千八百萬人。

這樣看來，以這些人為對象做生意也是一種方法。

然而，全天候型的日本人卻要把剩下的百分之三十五，亦即四千兩百萬人也作為生意的對象。可是，這百分之三十五的人是根本不用錢的。

四十歲以上的人要為生活打拚，也知道金錢的價值，因此不會積極地消費。這個年齡層的人會把吃剩的飯菜保存在冰箱內。

另一方面，不到三十九歲的人則會不斷地浪費金錢。

如果真的想要做生意，就應該放棄四十歲以上的人，而以三十九歲以下，會浪費金錢的人為銷售對象，這樣才能賺錢。

不僅是年齡，也可以把銷售對象鎖定在女性顧客上，或是有限的營業項目上，如果是夏季型，就只考慮做夏季型的生意，這比全天候型的生意資金的週轉還快。

15 尋找需要的方法

看看周遭的人，可以發現有不少人從事絕對不會賺錢的生意，以致後悔莫及。

這些人大多拘泥於過去的情面和人情。

為了防範悲劇的發生，有必要引進歐美的合理主義。然而不知何故，日本人的內心深處卻排斥歐美的合理主義。

因此，日本人總是一邊哭泣一邊忍耐，自我安慰地說：「失敗也是沒有辦法的事，我沒有學歷，腦筋又不好，失敗也是理所當然的……」

依我看，那是一種逃避的心態。

如果凡事都只想逃避，在商場上怎麼可能獲勝。

不要執著於過去的情面和人情，首先必須辨識何處有什麼樣的需要。

想要發現需要，就必須從事相應的研究。若是認為即使自己愣著發呆，世人也會告訴自己有什麼需要，那就大錯特錯了。世事可沒有我們想像的那麼簡單。

在戰時物資不足的時代，缺乏什麼東西？什麼地方需要什麼？很輕易地就看得出來。可是像今天物資這麼豐富，人們的生活都很奢侈，就很難找出什麼地方真正需要什麼。

即使是食物也一樣。目前的情況是，由於食物太多元化，任何人都會為下一餐要吃什麼而感到傷腦筋。因此，麥當勞必須設法把漢堡塞入對方的口中，而這是非常困難的任務。

首先，要發現什麼地方有什麼需要，以能夠銷售的價格來販賣可以暢銷的商品，這是極為重要的一點。

16 時間的運用方法決定勝負

最近，「Know-how」這兩個字經常被人使用，比方說「賺錢的Know-how」或「成功的Know-how」等等。

「Know-how」有很多譯法，一般譯為「祕訣」，但若改變看法，也可以譯為「時間的有效運用方法」。換言之，「Know-how」指的是「工作時，如何有效運用有限的時間來賺錢」。

美國有新的「Know-how」進來時，我們也會急著加以引用，因為過去花三十分鐘才能做好的工作，引用新的「Know-how」之後，只要十分鐘即可完成。為什麼需要「Know-how」呢？因為現在已經進入時間不夠用的時代了。

德川時代的一小時和現在的一小時相比，價值完全不一樣。

從前翻山越嶺來往於東海道時的一小時，與現在搭乘新幹線從東京至大阪只要一個小時車程的時代中的「一小時」，價值截然不同。因此，時至今日，時間變得珍貴起來。如何有效運用此珍貴的時間，那就是「Know-how」。

17 「Know-how」有其限度

雖說如此，「Know-how」也不是可以無限地縮短時間。

不管做什麼事，都需要一定的時間。即使是戀愛的「Know-how」也一樣，只和對方握個手或接吻，也不會生小孩，就連撒泡尿，也不是一秒鐘就可以撒完。這就是「Know-how」的限度。

不過，用餐一秒鐘、排泄一秒鐘、做愛一秒鐘的話，那人生就會變得非常無趣。即使時代進步，想要過一個有情趣的生活，也需要花費某程度的時間，這一點應該是不會改變的。

「Know-how」雖有限度，但也可以將「Know-how」用到極限。縱觀各種產業，可以發現都還沒有將「Know-how」用到極限。今後應該更加縮短做生意的時間，多延長怎樣過情趣生活所需要花費的時間。

18 夜晚之後就是早上，應預備早上的來臨

恕我直言，我在經營麥當勞之前，日本的餐飲業老闆大部分都是學歷不高的人。受過高等教育的人不願從事餐飲業，這是餐飲業的弱點。

依我看來，東京大學畢業的人都前往大藏省（即財政部）或日本銀行這種競爭激烈的地方工作，所以力量無法施展開來。他們都不願意像我這樣，在無人之境發揮能力，什麼事情都做得得心應手。

不過，今天麥當勞以旭日東昇之勢竄起，我那些任職於大藏省或日銀的校友們無不羨慕我。可是這十二年來，我幾經波折，有苦難言，這也是不可否認的事實。

當時，我總是勸告自己：「夜晚之後就是早上，雖然現在是夜晚，但早上一定會來臨。」然後，咬緊牙關地苦撐下去。這樣，總算穿越了漫漫長夜的隧道。

然而，世間有很多人在事業不順利時，就悶悶不樂地認定「夜晚之後還是夜晚，夜晚會永遠持續下去……」最後走上自殺之路。

其實夜晚之後是早上，如何預備早上的來臨才重要。

19 不要將「景氣不好」這個字眼掛在嘴上

世上有不少人老是把「景氣不好」這個字眼掛在嘴上。生意做得不順利時，不認為是自己腦筋不好，而把責任歸諸於景氣不好。

這是不對的。他們的想法是，生意不好是因為景氣差，景氣差是生意不好的「原因」。而這個「原因」帶來沒有賺錢的「結果」。

其實不然。「景氣不好」不是沒有賺錢的「原因」，而是時局所給予的「條件」，或者也可以稱為是「環境」。

真正會賺錢的人，會思考在這種「條件」或「環境」之下該如何賺錢。

大家的年收入都沒有提高，物價穩定而景氣不佳。

如果反過來想，景氣不佳也是世界和平的證明。換言之，想要祈求世界和平，就必須付出如此高昂的代價。

想要使景氣變好，方法很簡單。只要爆發戰爭，景氣就會活絡起來。大家回憶一下韓戰和越戰時，美軍在日本採購軍用物資的情況，即可瞭解我所言不虛。

大家口口聲聲地主張「世界永久和平」，號稱強權各國「必須裁軍」，同時也反對「發展核子武器」。

我認為這是很好的主張。可是，我們必須要有一個體認：和平時代就是不景氣的時代，景氣不佳是和平的代價。

自己必須用心思考，在和平而景氣不佳的環境中，要怎樣才能賺錢。

景氣不好，並非是自己無法賺錢的「原因」，而是大家共同的「條件」。最重要的是，如何克服那個條件？

改善景氣不佳的「環境」，是總理大臣的工作，而不是我們的工作。假如把自己當作是總理大臣，老是說：「哎呀！景氣真是爛透了。」鐵定無法賺錢。

若是把自己的散漫、偷懶、腦筋不好全都推給景氣不好，絕對賺不到錢。這種人即使景氣好，也不會賺錢。

事實上，即使在景氣活絡的時候，還是沒有賺到錢的人也大有人在。反過來說，縱使景氣不好，還是有很多人賺錢。這件事值得我們深思。

不可動不動就說「景氣不好」，因為景氣不好和賺不到錢完全沒有關係。

第 2 章

麥當勞是一種文化

20 「麥克唐納爾茲」和「麥當勞」

我經營麥當勞之所以會成功，有一個原因，就是我將店名叫做「麥當勞」（日語發音為（MAKUDONARUDO）。

「麥當勞」的英語是「MacDonald's」。剛開始時，美國總公司方面是以「MacDonald's」這個名稱，在全世界推展連鎖店，所以他們也希望在日本以這個店名來展開。

不過，我反對地說道：「日語這種語言，是以三個音、五個音或七個音構成的。如果不用三個音、五個音或七個音來斷開音節，日本人是無法接受的，像『麥克唐納爾茲』這個名稱，日本人恐怕無法接受，應該使用三個音斷字的『麥當勞』（MAKUDO／NARUDO）才行。」

我的意思是說，MAKUDONARUDO的發音六個音太長，最好是各以三個音隔開來發音，唸成「MAKUDO／NARUDO」。

在這種情況下，日本人絕不會發出「MAKU／DONARUDO」的唸法。

「MAKUDO／NARUDO」的發音比較接近日語的感覺，也較容易為人所親近。

不懂得日語的美國人對我要取名為「MAKUDO／NARUDO」這個店名感到很為難，但我堅持一定要用這個名稱。

——現在想起來，我的堅持是對的。

店名也是我獲得成功的一個因素。而且我特意將「麥當勞」和「漢堡」結合在一起，在宣傳上都說成「麥當勞漢堡」。

我們不稱為「麥當勞」，也不稱為「漢堡」，一開始就用「麥當勞漢堡」這兩個名稱當作一個商品名稱來銷售。

對使用表音文字的漢字民族日本人來講，這麼做可以發揮很大的效果。

比方說「村」這個漢字，是由「木」和「寸」所構成的。如果單獨來看，「木」就是「木」，「寸」就是「寸」，兩個字一點關係也沒有。然而當這兩個字組合在一起時，就成為另外一個「村」字，意思也完全不一樣。

「麥當勞」和「漢堡」用的都是片假名，我的目的是想要像「木」和「寸」結合在一起，變成「村」這個字那樣，使「麥當勞漢堡」發揮漢字的作用。

這個目的也成功地達成了。

不管是招牌或廣告，我全都用「麥當勞漢堡」，而不讓「漢堡」和「麥當勞」分開來，因而帶來非常大的成功。

經常看到寫在一起的「麥當勞漢堡」的招牌和廣告之後，在一般人的意識中，兩者便成為不可分離的東西。

換言之，一聽到「麥當勞」，大家就會聯想到「漢堡」。

前一陣子我去大阪時，有一個人對我說道：「藤田先生，現在已經出現麥當勞的競爭店了，他們那裡賣的也是漢堡，實在很有趣，要不要去看看？」

「什麼事，讓你覺得有趣呢？」我問道。

「總之，你去看看就曉得了。」對方笑嘻嘻地說道。

我不便推辭，只好跟著他前往那家店瞧瞧。

去看了之後，剛好有一群小孩子來購買漢堡。只聽小孩子們都說道：「老闆，我要一個麥當勞。」

「藤田先生，是不是很有趣？」那個人笑著問道。

那時候我深深地感覺到，我將「麥當勞漢堡」連在一起，用漢字的方式來表現，真是個正確的決定。由於徹底使用漢字方式來表達，如今「麥當勞」已經成為「漢堡」的代名詞了。

十年之後的今天，回顧當初的構想，我還會覺得沾沾自喜呢！日語不管是俳句或短歌，全都是以五、七音為基礎。日語要用三、五、七音才能押韻。如今，很多日本人都將「麥當勞」（日語發音為MAKUDONARUDO）簡單地稱為「MAKUDO」。

例如：「MAKUDO的某某人來了」或「我看過MAKUDO的廣告了」等等。

不久前，我和日本文學大師暉峻康隆先生談過話。暉峻老師也將「「MAKUDO／NARUDO」」這個字各以三個音隔開來發音，足以證明我把「麥克唐納爾茲」的店名一腳踢開，主張將店名取為「麥當勞」是相當正確的。

聽到小孩子們在競爭對手的店買漢堡時說：「老闆，給我一個麥當勞。」時，我心中暗想：「麥當勞已經打贏這場戰了。」

21 紅色與黃色的戰術

麥當勞在日本開店時，我也注意到招牌的顏色。

而且我決定招牌的顏色使用紅色，「麥當勞漢堡」的首字母M使用黃色。

以信號燈來講，紅色是表示「停止」，黃色是表示「注意」。

走在街上的人，十個人當中有十個人原本沒有打算走進麥當勞。

根據我們的調查，有百分之二十五的客人，是因為想要買麥當勞漢堡而走出家門，另外百分之七十五的客人，不是為了去麥當勞才走到街上。

這些百分之七十五的客人看到麥當勞的「紅色」招牌而猛然一驚地停下腳步，接著又看到喚人「注意」的黃色M字商標。然後，看到旁邊寫著「麥當勞漢堡」，因此心裡面想，「吃個麥當勞漢堡看看……」

就這樣，走入店內點了漢堡。

我這個「紅色」和「黃色」的戰術一舉成功。

目前每家店都模仿麥當勞，掛著紅色和白色的招牌，其中也出現完全模仿麥當勞紅色和黃色配色的大食品製造商連鎖店。

有時我也會在街上看到紫色或褐色的招牌，每次看到紫色或褐色的招牌時，我都不禁會歪著頭想：「這家店的老闆究竟有什麼目的，掛出這樣的招牌？」

因為這不是人們所喜歡的顏色，看到這種顏色的招牌，我覺得這家店的老闆好像是在告訴客人：「客人不要進來我這家店。」或者是「絕對不要進入這家店，進來的話，我們會覺得很困擾。」

22 治癒舶來品自卑情結

沒有比在日本賣米更容易的事了，因為日本人兩千年來一直都是以米飯為主食。然而，在兩千年來都吃米飯的日本，販賣米以外的食物，尤其是由麵包和肉製造而成的漢堡，可以說是一件非常困難的工作。

我創立麥當勞，販賣漢堡而獲得成功。可是有人在茅崎設立日本第一家漢堡店——「廚師漢堡」，時間比我在銀座成立第一家麥當勞還要早。可是，「廚師漢堡」卻倒閉了！與蝶理公司合作的「A&W」，也倒閉了！

登陸日本的美國漢堡，並不是都做得很成功。「廚師漢堡」和「A&W」在美國都是擁有高超專業技術的公司，但為什麼在日本會失敗呢？那是因為他們未有效地運用高超的技術所致。

直接從美國帶進專業技術，能否在日本有效地加以發揮還是個問題。正如我拒絕使用「麥克唐納爾茲」，而堅持要使用「麥當勞」的店名那樣，在日本需要有日本式的宣傳手法，有了日本式的宣傳手法，才有辦法發揮原有的專業技術。

「廚師漢堡」和「A&W」就是敗在日式的管理上，而無法發揮專業技術。在兩千年來都吃米飯的國家中銷售由麵包和肉製造的漢堡，就是那麼困難。

麥當勞也在德國和澳大利亞成立分店。然而，在這些以麵包和肉為主食的國家中，漢堡的銷路並不像日本人所想像的那麼好。因此，我對德國和澳大利亞的麥當勞負責人說：「你們沒有盡力，銷路不應該那麼差，應該可以賣得更好才對。」

在以米為主食的國家中，要人們購買用麵包和肉製造的漢堡來當正餐，光是宣傳就很困難了。

不知道是不是因為日本人吃了兩千年的國產米之故，而有著根深柢固的「舶來品自卑情結」，我決定治癒這種「舶來品自卑情結」。

身為日本人的我，吃著舶來品的麥當勞。因此，我有一個宣傳構想，就是讓日本人覺得自己是個優秀的知識份子。這樣做，總算成功地撬開了只吃米飯的日本人的嘴巴。

23 有效地運用瞬間催眠術

據說，麥當勞的女店員服務態度是餐飲業的第一名。此祕密就是瞬間催眠術。如果問來店裡的客人聽到哪一句話，會產生輕飄飄的感覺，那就是「謝謝」這一句話。

有些客人覺得「顧客至上」，在點餐時表現出一副趾高氣昂的態度，這種客人在聽到女店員說「謝謝」之後，態度就軟化下來，僅僅三秒鐘的時間，就陷入了催眠的狀態之中。

所謂「催眠狀態」，就是不加批判的狀態，接受別人命令而不會反對的狀態。當客人陷入三秒鐘的瞬間催眠狀態時，女店員迅速問道：「需要可口可樂嗎？」客人就會不假思索地回答：「ＯＫ！」

因此，不僅漢堡，連飲料也非常暢銷。但是麥當勞教店員向客人推薦可口可樂時，如果客人回答「不需要」時，店員不可再次向客人推銷其他的產品。

在客人受到瞬間催眠的狀態下推薦飲料是一種指令，原本就必須讓他們不加批判地接受。然而，當客人回答「不需要」時，就從催眠狀態中醒了過來。

人在從催眠狀態中醒過來時，往往會感到不愉快。如果在這種狀態之下還糾纏不休地向客人推薦飲料，只會讓客人留下不良印象。要是嚴重傷害了客人的情感，下次他就不會想再來了。但要是客人拒絕，店員不再推薦任何產品，就不會讓客人留下不良印象。

像這樣，由於十分巧妙地運用「瞬間催眠術」。因此，麥當勞才會獲得「女店員服務態度良好」的美譽。

所有的公司都必須學習和活用這種「瞬間催眠術」。

銀行應該有屬於銀行的瞬間催眠術的利用法，百貨公司也應該有屬於百貨公司催眠術的利用法。各行各業想要賺錢，都必須研發出一套屬於自己的瞬間催眠術。

不過，麥當勞並不教瞬間催眠術，我們教員工的只是簡單的一句話：「謝謝，請問需不需要可樂？」

24 找出做生意時的「甜言蜜語」

過去，我曾經從法國和義大利進口領帶。

剛開始時，這種進口領帶很難賣出去。因此，我就到全國的領帶賣場走走看看，研究領帶的銷售方法。那時我發現了一件事，儘管領帶是屬於男性用品，但來購買的卻有一半是女性顧客。

於是，我就思考要怎麼樣才能夠讓在領帶賣場內逗留的女性購買領帶。最後，我發現了一句話，只要這句話一說出來，客人百分之百會購買領帶。換言之，我發現了客人會購買領帶的「甜言蜜語」。

在此，筆者就將這句話公佈出來。

客人出現在領帶賣場，一邊觸摸和凝視著領帶時，在這個階段還不要走到客人身旁。差不多過了五、六分鐘之後，當客人從許多領帶中挑出三、四條，但還沒有決定要購買哪一條時，才走到客人身邊。

以我們的立場來講，我們賣的不是客人想要購買的領帶，而是我們想要賣出去的領帶。通常我們會指著想要賣出去的那一條領帶，告訴客人說：「這三條領帶中，這一條最高級。」僅僅這句話，就會讓客人陷入圈套，而買下我們想賣出去的那一條領帶。

當客人要求我們提出建議時，即使對客人說「這條花色不錯」或「這條是現在流行的款式」，也不會發揮效用。但只要說一句「這條領帶是高級品」，客人就會下定決心購買。

人很難經得起「這是高級品」這句話的誘惑，這足以證明低級的人還是很多，由於自己低級（低階層），所以潛在的慾望會促使自己想辦法取得高級品。因此，如果別人指出自己所選擇的領帶當中有一條是高級品的話，就會覺得很高興。

人在不知做何選擇時，就處於容易被施展催眠術的狀態之中。此時如果有人說「這是高級品」，就會很容易地陷入對方的圈套中。

我到各處的領帶賣場指導店員，告訴她們要記得說：「這是高級品！」

從此以後，很難賣的法國和義大利領帶就變得非常暢銷了。

就好像向女人求愛的甜言蜜語一般，只要在女人耳邊低聲地說出這一句話，女性絕對會陷入圈套。同樣的，做生意時也存在著讓客人陷入陷阱的甜言蜜語。

只要比別人早發現這類的甜言蜜語，就會賺錢！

25 店內不可擺置酒、公共電話和自動點唱機

這是當年的經營方式——

麥當勞店內完全不陳列酒類。

我們也不為員工擺置酒類。要是陳列酒類，客人喝醉酒的話，就會糾纏或調戲女店員。這樣一來，就雇用不到漂亮、開朗而優秀的員工了。

客人都知道店內陳列酒類，想要喝酒時會比較方便。可是由於擺置酒的關係，漂亮、可愛的女孩子就不願意來店裡上班，結果對客人來講，也是一種損失。

還有，麥當勞店內也不擺設公共電話和自動點唱機。

有些客人會說：「沒有公共電話，很不方便。」但如果擺設公共電話，店裡就會成為等候朋友會面的地方。

要是擺設自動點唱機，店裡就會成為年輕男女聚集的場所。

店裡一成為等候朋友會面的地方或年輕男女聚集的場所，想要全家一起用餐的

客人就不會上門。

由於麥當勞重視全家一起用餐的客人，所以店內不擺設公共電話、自動點唱機和酒類。與其把銷售目標擺在晚上喝酒的客人，不如擺在白天全家一起用餐的客人上來提高營業額。

我曾經聽人這麼說過——

在收取門票才能讓客人參觀內部的地方，賣門票所得的收入，與參觀者隨意將錢投入捐獻箱內的總收入相同。採取自由捐獻的方式不需要賣票的人事費用，光是這一點，實際的收入就比較多。

擺設酒類自動販賣機、公共電話和自動點唱機或許有相應的優點，但同時也會產生缺點，應該不會如想像中那樣賺錢。

我不想靠酒類自動販賣機、公共電話和自動點唱機來賺錢。

26 科學的精神可以喚來財運

最近我詢問大阪的麵店老闆，他說麵條是創始於一千三百年前的奈良時代。而我最喜歡吃的加入油炸豆腐條和蔥花的清湯麵，也是始於那個時候。

由於從一千三百年前開始，持續吃到現在，所以大家口耳相傳，麵條的宣傳活動做得非常徹底。

提到麵條，誰都曉得，不需要多做說明。可是漢堡就不行，現在還有人不知道什麼是漢堡。畢竟漢堡在日本不過才十二年的歷史（作者寫這本書當時）而已。十二年的歷史要與一千三百年的歷史競爭，那可有得瞧的。

具有一千三百年歷史的麵條，至今不必再做宣傳也無所謂。可是只有十二年歷史的漢堡，卻必須拚命宣傳才行。

然而，對僅有十二年歷史的漢堡銷售業者來講，覺得最可怕的事，莫過於具有一千三百年歷史，不必宣傳也無所謂的麵店開始大肆進行宣傳。這樣一來，十二年歷史的漢堡店馬上就要垮台了。

坦白說，麵店實在是很可怕的競爭對手。

可是，一千三百年來沒有競爭對手，穩坐泰山的麵店卻完全不做宣傳，就連向麥當勞反攻的態勢都沒有擺出來，讓我覺得麵店的負責人是不是腦筋有問題？

麥當勞的所有一切，包括管理和製造過程都有科學上的根據。

例如，和漢堡一起推薦給客人飲用的可口可樂，最好喝的溫度是攝氏四度。因此，全世界的麥當勞店可樂的配出器溫度全都設定為攝氏四度，並且嚴格地進行管理，務必使可樂保持在這種溫度範圍內。

我曾經詢問過麵店老闆：「麵條的湯頭，最美味的溫度是幾度？」然而，他們都答不出來。即使是裝在小蒸籠上蘸汁吃的蕎麥麵條的調料汁，也沒有人用科學方法來研，「最美味可口的溫度是幾度」的問題。

我認為，如果麵店的經營者認真的以科學方法來研究「如何才能將麵條煮得更好吃」的問題，對我來講，將是一件非常可怕的事。

我覺得擁有一千三百年歷史的麵店，應該積極地從事研究，不要以為生意一定可以穩如泰山，不會被人取代。

接著，我們再來談談麥當勞的情況。麥當勞漢堡的麵包厚度為十七公釐，這是放入嘴巴時，最令人感到美味可口的厚度。

還有，麵包發酵的氣泡以五公釐為最好吃，所以麥當勞麵包的氣泡全部都是五公釐。僅僅是麵包的厚度與口感，麥當勞就花費了不少經費進行科學研究，最後才獲得這個結論。

然而，當我問道：「麵條的直徑幾公釐時最好吃？」時，竟然沒有一家麵店的老闆回答得出來。

即使是壽司店在做壽司時，各種材料，如鮪魚腹部、墨魚、蝦子、貝肉的脂肪成分，也應該有最美味的溫度。另外，做一條壽司時，米的份量要幾公克，做出來才好吃，應該也可以算得出來。

因此，在攝氏幾度的白米飯上擺上攝氏幾度的材料，包成幾公克大小才好吃，是可以用科學的方法計算出來的。

這樣做，就可以以科學的方式研究出，如何可做出最美味可口的壽司。如此一來，壽司的銷路應該也會更好。另外，「麥當勞」包在麵包內的肉，使用的是四十五公克的純牛肉。我們是用厚度X公釐的鐵板，表面溫度保持Y度，烤Z分鐘，烤得半熟，這樣肉質最為鮮美。這是運用科學方法研究出來的成果，由於X、Y、Z是企業祕密，在此處恕不公開。

關於日本的米飯，並沒有以科學方式來進行研究，那是因為日本的米太過好吃的關係。剛煮好的米飯不加什麼都好吃。

農民經過兩千多年的歲月才研發出來的米，日本人早已經習慣它的美味，因而失去了想要用科學方式來做進一步研究的心情。

中國料理之所以會那麼好吃，除了米好吃之外，再加上各地方廚師烹調技術的不斷研發競爭，而發展到今天這種地步。

相反的，日本人因為米太過好吃，卻沒有以科學的精神來研究傳統食物。不過，也正因為如此，麥當勞才有機可乘，在日本搶灘成功。

我們應該再回憶一下，日本人在第二次世界大戰中因為沒有雷達而吃敗戰的事實，日本人是敗在科學上。因為科學不如人而失敗的日本人，在食物方面也忘記科學這回事，這是日本人必須加以深思的問題。

筆者想要再次強調，科學的精神和賺錢具有密不可分的關係。

〔專欄〕

撼動世界經濟的猶太人的光與影

「樹大招風」不斷地遭受打擊

哈曼肯說過，「二十一世紀是日本人的世紀。」這也不算是過譽之詞，總之，日本沒有什麼資源，卻有今天這樣的成果，日本人非常努力也是不可否認的事實。

雖然日本的GNP僅次於美國，佔全世界第二位是很久以前的事。可是，日本的地位非但沒有動搖，搞不好在二十一世紀之前，還可能會超越美國。

西歐先進國家景氣都很不好，只有日本一枝獨秀。因此，老是遭到刁難，成為各國圍攻的目標。由於日本現在的經濟發展是借用西歐的科技來達成的，所以日本也以日本人的方式「感恩圖報」，但這種方式對西歐各國不管用，以致他們勃然大怒，暴跳如雷。日本現在所處的環境，如同「樹大招風」這句成語所形容的那樣。

可是，在人類的歷史中，因為「樹大招風」而始終遭到打擊的是猶太人，他們受到的打擊，可說是非常徹底。生命、財產、國土等所有的一切，都絲毫不留地被外國人所剝奪，數次面臨民族滅亡的危機。儘管如此，他們不但沒有滅種，反而散居於全世界各地，在人類的歷史上留下光輝燦爛的足跡。

比方說，在思想上使全世界分為兩大陣營的馬克思、心理學家佛洛伊德、物理學家愛因斯坦，光是他們的成就就足以改變全世界的歷史。另外，還有各行各業響叮噹的人物，簡直不勝枚舉，如：海涅、孟德爾松、馬勒、卓別林、普魯斯特、卡夫卡、湯瑪斯曼、夏卡爾、迪斯雷里……而因為盛名之累而招來殺身之禍的耶穌基督，也是道道地地的猶太人。

席捲整個歐洲的大富豪羅斯柴爾德家族

猶太人是資質非常高的民族，在自然科學、社會科學、藝術等領域上，都留下偉大輝煌的建樹。另一方面，在建立近代經濟社會上也扮演著非常重要的角色。其象徵性的人物，大概可以說就是全世界的大富豪羅斯柴爾德。

羅斯柴爾德財閥的始祖名叫麥雅・亞姆謝爾・羅斯柴爾德，他先在同樣是屬於猶太人的成功商人歐本亥姆的店內擔任學徒，後來從古董商開始展開事業，他的古董專門賣給貴族，在十八世紀後半期到十九世紀初的歐洲動亂時期中巧妙地經營，而建立了巨大的財富。

他的蓄財法可說純粹是猶太商人的做法。

換言之，他實踐了猶太人自古對金錢的哲學：

「錢包鼓鼓的也不能說就很好，但錢包空空的話，那可就不妙了！」

「金錢不是罪惡，也不是詛咒，而是祝福人類的東西。」

「金錢可以提供機會。」

「金錢可以將良善帶給善人，將罪惡帶給惡人。」

雖然這是一種拜金主義，有些地方也有為達目的不擇手段的意味，但如果不是這樣，猶太人就無法獲得巨大的財富。這是從古至今都未改變的道理。

自紀元七十三年遭到羅馬帝國滅國以來，猶太人被迫離開祖國，在各地慘遭迫害、屠殺。與其說猶太人的血是為「對金錢絕對的信賴」而流，不如說是因為對自己同胞以外的人性不信任而流的。

麥雅・亞姆謝爾・羅斯柴爾德在拿破崙時代，運用資金和情報，游走於以法國和英國為首的歐洲各國，而構築了莫大的財富。並在產業革命展開之後，搖身一變而成為新時代的實業家。

麥雅・亞姆謝爾・羅斯柴爾德創立銀行，買賣證券，並且大膽地投資鐵路、礦業等事業。他讓五個兒子在歐洲的主要都市（倫敦、維也納、法蘭克福、巴黎、那不勒斯）另立門戶，在緊密的合作架構之下，建立了號稱全世界最大的財閥。目前，倫敦和巴黎的羅斯柴爾德家仍保留著，雖說家族式的財閥時代已經過去，但現在隱然還存在著不容忽視的勢力。

黃金、鑽石和猶太人

提到猶太人，馬上就會讓人聯想到放高利貸的人，這是因為受到莎士比亞的《威尼斯商人》影響的緣故。

確實有很多猶太人很早就開始經營金融業，但除此之外，也有不少猶太人是從事寶石的交易。

在《威尼斯商人》中，有一個場面描寫夏洛克的女兒偷走他的鑽石，夏洛克怒罵自己的女兒「去死吧！」可見猶太人與鑽石很早就結合在一起，而且存在著其必然性。

因為猶太人無法擁有土地和房子，所以必須把財產換成輕便的物品。

雖然其他的國家有個固定的地區（猶太人區）讓猶太人居住，但他們不知政治形勢什麼時候會改變。

對猶太人來講，生命和財產是一體的兩面，他們準備得極為周到，隨時可以帶著逃生。貨幣中最有價值的是金幣以及鑽石等寶飾類，這些東西是足以與土地和房子相匹敵的財產，也是以上流階級為銷售對象的商品。

此傳統仍傳承至今，有很多猶太人都以寶石商為業，也為鑽石市場帶來莫大的影響力。鑽石必須經過採掘、研磨和銷售的過程，而猶太人的祖國以色列目前是世界屈指可數的研磨產業地。

倫敦黃金市場主導著全世界黃金的交易，而支配倫敦黃金市場的則是羅斯柴爾德家族。

即使是現在，除了星期六、星期日和節日之外，黃金交易的世界五強，每天都聚集在位於泰晤士河沿岸的倫敦舊市區街角的羅斯柴爾德暨桑茲公司的「黃金廳」，各於上午和下午決定黃金的價格。

擔任主席的是羅斯柴爾德公司的職員，在「黃金廳」決定的黃金價格具有領導全球的作用，全世界各地的黃金市場都會打電話過來詢問。「黃金廳」內的交易始於一九一九年，完全是私人的交易。

這裡的交易並沒有法律上的強制力，黃金的價格充其量是由五個人來決定的。全世界的黃金行情，事實上是在此地決定，那是因為羅斯柴爾德以及摩卡塔暨戈爾德史密斯、撒謬耶爾・蒙塔袞、夏普斯暨匹克斯雷、詹森・馬塞・邦卡斯受到絕對的信任所致。

偉大的發明、發現，原點在於猶太人的頭腦

提到齊柏林，大家都知道他是飛行船的發明者。但是，最先製造飛行船的卻是一位名叫迪畢德・休華爾茲的猶太人。

事實上，迪畢德・休華爾茲建造飛行船時做過好幾次飛行試驗，大致上已經成功地進行至實用化的階段。然而，他卻在發表之前過世，由齊柏林伯爵向他的未亡人買下了製造飛行船的技術。

飛機雖然是萊特兄弟發明的，但如果沒有猶太裔德國人歐特・里里安塔爾進行載人飛行，就無法完成如此偉大的成績。

另外，發明直昇機的亨利・貝爾那是隸屬於美國陸軍航空隊的猶太人。

一般都認為有線電話的發明者是格拉哈姆・貝爾，可是貝爾在一八七六年成功發明電話的十六年前，猶太人就已經實際使用電話了，該電話機目前陳列於史密索尼安博物館內。

這類的例子很多。此外，馬克思的思想具有莫大的影響力，使世界分割成兩大

陣營；佛洛伊德開啟了近代心理學、精神分析療法之路；愛因斯坦建立了近代物理學的基礎。如果從地球上刪除掉猶太人的成就，今日的科學文化社會可能就會因而崩潰瓦解掉了。

猶太人那麼會做生意是天性嗎？

猶太人在世界的金融界擁有巨大的實力，這是他們長年累月做生意的結果。那麼，猶太人是天生喜歡做生意，而在這方面具有才能的囉？

事實上，這必然是猶太民族天生的性格，但不僅是在做生意方面，猶太人在其他方面也有很大的成就，這也可以說是他們接受過高等教育所帶來的結果。

猶太人從小就努力學習《猶太教法典》，這本法典除了寫著道德律之外，也充滿了生活的智慧。以日本的情況來講，就是類似日常生活中為人所熟悉的佛典。

而且《猶太教法典》上也記載著他們這個遭到壓迫的民族，如何求生存的許多智慧語錄。在現實生活中幾乎都處於逆境中的人，如果沒有反抗心、向上心，那將是一件怪事。即使是日本，從明治、大正到昭和初期，頭腦好，但因家貧而無法上學的人，通常都胸懷大志，而最後也都能獲得成功。

換言之，猶太人之所以那麼會做生意，一半是因為他們是優秀的民族，一半是因為他們處於悲慘的境遇中，由反抗心、向上心激發出來的。從這層意義上來看，經商的才能不是天生的，而是後天培養出來的。

若不是失去祖國，遭到民族離散的悲劇，猶太人的聰明才智可能會往別的方面發展吧！

猶太人成為放高利貸者的背景

對散居於世界各地的猶太人來講，沒有一個地方能夠讓他們安居樂業。中世紀時，猶太人在歐洲工作的地方只限於猶太人街，他們遭到憎惡、輕視，外國人不把他們當人看。猶太人受到歐洲人憎惡的原因是，歐洲人的神——耶穌基督遭到猶太人的背叛而釘死在十字架上。然而，耶穌基督本身也是猶太人，歐洲人可能有意忘記這個事實，或作另一種解釋。

不管是信奉基督教或其他宗教，猶太人都必須從事經濟活動來維持生活。但他們逐漸發達起來之後，產生了讓歐洲人覺得困擾的問題。

在基督教的道德觀中，不容許為收取利息而將錢借給別人的行為。但儘管如此，有時候人難免也會出現不得不向別人借錢的窘境。

可是，只要大家都忠實地信奉基督教，就不會有人願意借錢給自己，但猶太人卻鑽這個宗教教義的空隙。對無法從事正常職業的猶太人而言，借錢給別人成為有利可圖的生意。

毋寧說，這是基督教社會中卑鄙下流的行業，但猶太人卻把這種骯髒的工作承攬了下來。因此，歐洲人得以在不傷害宗教良心的情況下籌錢，而猶太人也一方面受到輕視，一方面獲得實際的利益。

就這樣，猶太人逐漸培養出經濟實力。但如此又激起了歐洲人對他們的憎惡之心。可是，歐洲人和猶太人兩者完全是相互依存的關係。從此，歐洲人對猶太人的憎惡擺脫了純粹的宗教情感，而開始對人緣佳、才能卓越的猶太人產生嫉妒心。

產業革命使猶太人成為富翁

雖說是放高利貸，但憑個人的借貸關係來賺錢還是有限。正如看了《威尼斯商人》即可瞭解那樣，即使借錢給有身分地位和有錢的人，也隨時會有被倒帳的危險。賺錢不容易，但要虧損卻是剎那間發生的事。

但是，上帝對猶太人卻非常眷顧，幫他們準備好了活躍的舞台，那就是產業革命。十八世紀後期，由英國人展開的產業革命給予不斷蓄積財力的猶太人們，創立了正式的金融機關之契機。

從十八世紀後半期起至十九世紀，猶太資本在以英國、法國和德國為首的歐洲全境設立了銀行，而在各國的經濟界取得了舉足輕重的地位。

例如，設立於十八世紀的約瑟夫・門德爾松銀行，扮演著將柏林培植成中歐具有絕對影響力之金融市場的角色。羅斯柴爾德家族在一八一七年進入法國發展，在很短的時間內就獨佔了法國的公債買賣。

另外，猶太資本也大膽地投資了需要大量資金的礦業、鐵路建設等在當時還不知道結風險極大的事業。也因此，猶太人後來才能獲得支配世界金融世界的果實。

從猶太笑話上看到的成功法則

雖然過著長達兩千多年的流浪生活，但猶太人也有他們樂觀的地方。例如，他們喜歡說笑話就是其中一個例子。

從猶太教的一些教義中，可以看出猶太笑話中蘊藏的智慧也是世界一流的。

「如果要逗天和地發笑，那就逗孤兒發笑吧！這樣，天和地也會跟著發笑。」

「不要只是哭泣地過一輩子。」

「生物中只有人類才會笑，在人類當中，也只有聰明人才會笑。」

有一個笑話是這樣的——

兒子向父親說道：

「爸爸，今天公爵隊打贏了洋基隊。」

「哦？這對猶太人來講，算不算是件好消息？」

羅斯柴爾德家族中有人過世，舉行了盛大的喪禮。有一名男子前來弔唁，悲傷得不顧一切地放聲大哭。

「看您哭得那麼悲傷，請問您和死者有什麼特別的關係？」家人問道。

那名男子回答：「不！不！我從來沒有見過他。不過，來到這麼隆重的喪禮上，想到自己如果是死者的好朋友，那該有多好！就不由得悔恨地哭了起來……」

在笑話的深處隱藏著感傷。卓別林的笑話正是猶太人的笑話。

猶太笑話中，一定存在著深刻的人性觀察，和對文明的尖銳批判。可是，笑比悲觀、哭泣的效用更大。

「不是因為悲傷而哭泣，是因為哭泣而悲傷。」

這句格言也可以反過來這麼說：

「不是因為快樂而笑，是因為笑而快樂。」

日本也有一句類似的諺語：「笑門開幸福來。」

整個猶太民族都在實踐這句格言，猶太人剛強和堅毅不拔的祕密，可以說就在這個笑話之中。

美國的成功法則中，有肯定思想和否定思想兩種。根據此法則來看，經常抱持著否定思想的人，距離成功無限遠；而抱持著肯定思想的人，有一半都獲得成功。猶太人對「笑」採取了積極的態度，從某種意義上來說，也是要人們抱持著肯定的思想。

美國是猶太人的天堂嗎？

猶太人在十七世紀後半期才來到美洲新大陸。當時有二十多名來自西班牙、葡萄牙的猶太人，搭船抵達新阿姆斯特丹（曼哈頓島）。

這二十多名猶太人都很貧窮，他們得賣掉身上的行李才夠付船資。可是一年後，有好幾個人都成功了，甚至有辦法拿出很多錢來捐獻。

其後，全世界各地的猶太人也紛紛來到新天地美國，有很多人在社會上、經濟上都獲得成功。比起歐洲，美國有如猶太人的天堂。

他們並非不再受到歧視和迫害，而是在民族大熔爐的美國，受到憎惡的對象不再只是猶太人而已。剛來美國時，沒有人要理睬猶太人，但那種感覺比起過去在歐洲時的情況，有如天壤之別。對猶太人來講，美國宛如天堂。不久，他們就開始嶄露頭角了。有錢的猶太人在美國獨立戰爭中資助美軍，而在南北戰爭中支持北軍。其後，十九世紀後半期到二十世紀，猶太人大量地湧入美國。

那時，歐洲大陸展開了好幾次迫害、屠殺猶太人的行動。在歐洲，猶太人經常被當作從弊政轉換矛頭的攻擊目標。例如，俄國在日俄戰爭中失敗之後，為了躲開國人的批評，俄國當局甚至還獎勵屠殺猶太人。

二十世紀初，已經有一百五十萬名猶太人定居於美國。後來在一九三〇年代，歐洲發生了納粹黨大屠殺事件，有六百萬名猶太人遭到殘忍的殺害，許多倖存者都渡海前往美國。

目前全世界有一千三百萬名猶太人，來到美國的猶太人憑著天生的才氣、勤奮、努力以及強烈的同胞愛，在政界、經濟界、醫療界、法律界、大眾傳播媒體、演藝圈、藝術方面等廣泛的領域中獲得成功，成為中產階級的一大勢力。

政治家與猶太人

猶太裔美國人稱為Jewish American。從十七世紀到二十世紀，猶太人陸陸續續湧入美國。除非是富豪和特別的成功者，對一般的猶太人來講，地球上除了美國之外，再也找不到其他安樂的地方了。

從現在上溯兩代、三代前的猶太人，大多是一邊從事小販或工資低廉的體力勞動，一邊夢想著明天的成功。

因此，才會形成第三代猶太人的知識階層，現在有很多猶太人擔任大學教授、律師、醫師、實業家、新聞記者、藝術家等。

亨利・季辛吉是活躍於政壇，無人不知、無人不曉的猶太裔政治家，雖然他是德國猶太人，但在美國尼克森、福特兩任總統的任內擔任國務卿的要職。他積極的行動和巧妙的外交手腕，產生出「忍者外交」這個辭彙。

此外，華盛頓區選出來的參議院議員亨利・傑克森也是猶太裔政治家，在政壇上舉足輕重，曾經參選過美國總統。

不僅是美國，著名的西歐先進國家的政治家，十九世紀中葉長期擔任英國首相的班傑明・迪斯雷里也是一位猶太人。

他的祖父是威尼斯成功的商人，十八世紀中期移居倫敦。父親艾查克改變信仰，不再信奉猶太教而取得英國國籍。班傑明也接受洗禮，所以他不是猶太人，而是猶太裔英國人。

班傑明・迪斯雷里年輕時，同時從事文學的研究和進行投機的事業，從這裡可以看出他血氣方剛的一面。不過，他在文學方面只獲得小小的成功，而在投機事業方面卻背負了一大筆債務。

迪斯雷里具有矛盾的性格，既是現實主義者，又是夢想家。他對女性很有吸引力，使他的人生往好的方向轉變。由於他出入於羅斯柴爾德家族的社交沙龍，得以認識名流，他緊緊抓住機會，一面與政敵競爭，一面爬到頂峰。

以作為政治家來講，他的作風保守，一生充滿波折。以作為猶太人來講，他則是最成功的政治家。

光榮顯赫的猶太裔美國人

猶太人在美國非常活躍，在金融證券業界、大眾傳播媒體、醫療界、法律方面的事務、實業界的企業集團等各方面，擁有強大的勢力和影響力。

普立茲、利普曼都是猶太人。在報紙方面，紐約時報、紐約郵報屬於猶太裔的資本。作家傑洛姆・沙林傑、菲力浦・羅斯、梭爾・貝羅，作曲家葛休恩，指揮家邦斯泰恩、艾里希・萊恩斯多爾夫、喬治・謝爾、尤金・歐曼第，小提琴家海菲茲、梅紐恩等都是猶太人。猶太人深入知識階層，在提高知識水準的同時，也是使得美國的學術界、教育界如此蓬勃發展的原因。

美國與日本不同，人種非常多。他們是混雜地居住在一起，而並非融和在一起，各自形成集團。美國雖然號稱是「自由國家」，但種族歧視的意識極為強烈。因此，猶太裔美國人在美國社會的影響力越大，與來自英國的盎格魯撒克遜人的隔閡就越深。

反猶太主義運動已然抬頭，他們的理由是──

「華爾街受到猶太人所把持。」

「新聞、廣播界也是由猶太人所支配。」

「猶太人攻佔了歷史悠久的著名大學。」

這是長期以來沒有祖國的流浪民族，也是優秀民族的宿命與悲哀。「樹大招風」的傾向是人類永遠無法解決的問題。

猶太人分佈於全世界

目前全世界的猶太人大約有多少人呢？據說約有一千三百萬或一千四百萬人左右。根據猶太復國主義者年鑑指出，分佈於各大陸的猶太人人數如下：

歐洲	四百一十三萬人
亞洲	兩百八十二萬人
非洲	二十萬人

北美洲　　六百二十三萬人
南美洲　　七十七萬人
澳大利亞　八萬人
合計是　　一千四百二十三萬人。

猶太人小氣嗎？

一般人都認為「猶太人非常小氣」，但這是經年累月所累積下來的一大誤解。有很多猶太人參與金融業的經營，所以也有不得不如此的一面，但猶太人的特徵並不是小氣，而是對金錢有優異的平衡感。

例如，猶太人就有下述這種有關於金錢的格言——

「金錢是冷酷無情的主人，但也可以成為有益的僕人。」
「不是因為窮人就一定正確，也不是因為富翁就一定不對。」
「金錢不會改善一切，但也不會使一切墮落。」
「金錢對人來講，就好像人身上穿的衣服一樣。」
「讚美富翁的人不是讚美富翁，而是讚美他的錢。」
「賺錢容易，用錢難。」

從這些格言來看，就可以瞭解猶太人對金錢的感覺極為正常。毋寧說，他們認為錢是一種工具，所以任何一個猶太人都毫不顧忌而光明正大地賺錢。

造成誤解的另一個原因是，對猶太人特別會賺錢的手腕感到忌妒和羨慕。這種情況就好像是先進國家看日本人不順眼，百般挑剔一樣。

在《猶太教法典》上有一條教義比較不為一般人所知，內容是：「錢就像是肥料，不用而堆積的話就會發臭。」猶太人奉行這條教義，有將一成的收入用在慈善事業的習慣。

猶太人和日本人

教育水準高、工作勤奮，是猶太人和日本人的共同點。但民族的體驗和對事物的看法，兩種民族間卻有相當大的差異。

談到相似的地方，猶太人和日本人都擁有整個民族敗北的經驗，也因為優秀而受到世界各國的羨慕和懼怕。

可是，在剛強、合理性、忍耐力、邏輯性、國際觀、倫理感方面，猶太人則比日本人略勝一籌。

關於日本人的國際觀，比起猶太人來講，經驗太過短淺。在和別人交涉時，不能明確地說出是（YES）或不是（NO），而露出無意義的笑容，並且不想改變自己的邏輯，這是日本人的通病。因此，才會對外國人的批評在意得不得了。

長達兩千年沒有固有國土，數次遭到種族滅絕危機的猶太民族，如今一點也沒有失去團結合作的精神。他們在世界各國深入社會的中樞，從事具有特色的活動，在人類歷史上可以說是一大奇蹟。

第3章

勤奮工作的員工是公司至寶

27 為了員工，不可愛惜金錢

日本麥當勞每年為員工「扔」了一千萬日圓。儘管如此，也不是扔在水溝內。為了預防員工和其家人發生什麼事故，我在東京的荻窪衛生醫院和大阪的警察醫院，合計花了一千萬日圓來確保床位。

員工及其家人如果發生事故，馬上就可以做好施行手術的準備。因此，星期日病倒送去醫院，在醫院間轉來轉去，延誤治療時機而死亡的不安，與我們的員工無關。

去年和前年，麥當勞的員工並沒有因為病倒而被抬進醫院。因此算起來一年花費一千萬日圓，四年就損失了四千萬日圓。可是如果能夠因而讓員工安心工作，對公司來講，結果也算是賺錢。

我發給員工卡片，所有的員工及其家人隨時都可以使用病床。像這樣，為了預防員工發生意外的情況而做好準備的公司，在日本還不是很多。

為了員工，不可愛惜金錢！

28 抓住員工太太的心

在員工的太太生日當天，我會叫花店送一束鮮花過去。

雖說是一束鮮花，但也不是昂貴到數萬日圓的程度。

儘管所費不多，但員工的太太都覺得非常高興。

我接到好幾封上面寫著：「我的生日連我先生都忘記了，而董事長卻還記得，實在非常感激。」的感謝函。

日本麥當勞除了中元節和除夕的獎金之外，三月時也會發放額外津貼，這是我們所謂的「決算獎金」。決算獎金不是要發給員工，而是要給員工的太太。單身的員工就發給他本人，已婚的員工則發給他的太太。

因此，員工稱決算獎金為「老婆獎金」。公司先登記員工太太的銀行帳號，時間一到，就把獎金匯入對方的戶頭。

為什麼要發獎金給員工的太太呢？那是我想用金錢來獎賞「內助的功勞」。

在把獎金匯入她們的戶頭之後，我會寫信給員工的太太，信上的內容，大致是這樣：

「公司今天會這麼賺錢，生意會這麼好，也是您的功勞。在公司內工作的是您的先生，但我認為其中有百分之數十是因為您付出的努力。這次發放的獎金是給您的，不必交給您先生。」

這種「老婆獎金」受到極大的好評，很多感謝函紛飛而至——

「我有生以來第一次拿到獎金，謝謝！」

「我用獎金買了一副我喜歡得不得了的眼鏡。」

「我用獎金為孩子添購了衣服。」

我覺得日本的公司應該將一半的獎金發給員工的太太才對。先生能在公司充分地發揮能力工作，是因為太太在家守護著的緣故。因此，太太也有取得獎金的權力。

歐美各國是夫妻一體，不管去哪裡，夫妻都是在一起的，夫妻成為社會的核心。可是在日本，只有先生才是社會的核心，太太和小孩不過是附屬品而已，我覺得這樣不行。

就連太太也是社會核心的另一半，我希望日本人也要具備這種觀念。

我每年在一流的大飯店舉行一次宴會宴請員工，要求夫妻同行。在這個宴席上，我一定會對員工的太太這麼說：

「各位太太，你們的先生在公司的表現真的很不錯，我只有一件事情想要拜託各位，就是希望各位能夠注意先生的健康，我打算把各位的先生培植為世界一流的生意人。可是我沒有辦法無微不至地照顧到你們先生的健康。因此，我只有將這件事情拜託妳們了。」

我這麼說，員工的太太們都精神百倍地回答：

「先生和我是一體的，我會全心全意地做。」

日本人雖然在嘴上好像很了不起地強調「夫妻一體」，同心協力的精神，但並沒有去實行，而我則努力地在實行。

由於我認為夫妻是社會的單位，所以我把員工的太太當作員工一樣來重視。以員工的立場來講，自己的太太受到重視，應該不會覺得不高興才對。

日本的公司只帶先生去洗溫泉，並且招妓作陪。然而麥當勞一年一次舉行宴會，都會要求員工攜眷參加。

員工的太太們都很高興的說：「實在是太棒了！」

29 我將員工的生日當作公休日

我把員工的生日作為他的公休日。換言之，員工在自己的生日那天不必顧慮到公司的工作，可以光明正大地休假，和家人一起去慶祝。

生日對員工來講，是自己的節日，也是自己的禮拜天。

我希望員工在自己的生日那天，能夠盡情地和家人一起慶祝，並養精蓄銳來迎接翌日的新挑戰。

此外，在新年時，我也會包紅包給所有的員工。

新年時大家碰面時會說道：「新年快樂。」但如果只是說：「恭喜！恭喜！」根本沒有什麼意義。

我包紅包給員工，即使金額不多，但總是讓我湧現出「新年到，希望大家都過得很快樂」的感覺。

我發給員工紅包，是衷心希望能夠有助於在大家互道「新年快樂」時，能夠以嶄新的心情賣力地工作一年。

此外，在五月五日的端午節，我會發給男性員工禮金。

但如果只發給男性員工禮金，對女性員工就不公平。所以我在三月三日的女兒節那天，就會發給女性員工和男員工的太太們禮金。

我這麼做，是因為我重視公司的「人和」。

員工的太太生日時，我會送一束鮮花。而員工生日時，我則包五千日圓的禮金給他們。有女兒的員工，我會在女兒節當天發給五千日圓的禮金；有兒子的員工，我會在端午節發給五千日圓的禮金。

員工收到五千日圓比收到自己不太想要的禮物，還要來得高興。我認為同樣價值的禮品，不如五千日圓的現金來得有價值。

禮品沒有用途，但五千日圓要怎麼花就可以怎麼花。因此，五千日圓的現金比較容易產生價值感。

有人說：「員工的太太生日時送一束鮮花，員工的生日或節日送五千日圓的禮金，太過拘泥於人情面子了。」

我之所以會重視人情面子，也是日本人有這種期待心理。因此，我覺得應該這麼做才對。

大家都認為我這個董事長是猶太式作風，也是不顧一切拚命做自己認為正確的事情的合理主義者。因此，我是採取了與人情、面子完全相反的方式，來做我覺得這是正確的一件事。

人情、面子是日本最有效的人心收攬術，也有人說我的壞話，說我利用權謀在收攬人心。但我認為只要對方高興，別人怎麼說我都無所謂。

30 百分之十六的丈夫都擁有祕密

原則上，「老婆獎金」是全額匯入員工太太的戶頭，但我們也允許有例外。員工中有些人需要各種「男性必要經費」，也有些員工很可憐，在太太面前處於劣勢，不被允許擁有「男性必要經費」。像這類員工，有時就不得不欺瞞太太。

男人需要各種必要的經費，例如：支付打麻將賭輸的錢、洗個有陪浴女郎的桑拿，偶爾到沙龍喝一杯、請部屬吃飯……

然而，如果跟太太講說：「我要去洗個有女郎陪浴的桑拿，拜託，能不能給我一些錢？」太太自然是不會答應。像這種「男性必要經費」，就必須要想辦法背著太太來籌措。

日本麥當勞是有情有義的公司，藤田田是一個瞭解男人悲歡之情的人。

對於與太太之間的力量對比處於劣勢，需要欺瞞太太的員工，公司採取一個制度，代替員工本人來欺瞞太太。

換言之，提出要求的員工，公司會將「決算獎金」的一半撥入太太的戶頭，另一半則直接發給員工現金。公司會幫員工隱瞞說：「今年決算獎金比較少，只能發去年的一半。」

附帶一提，令人覺得不可思議的是，利用這種「救濟制度」的人佔所有員工的百分之十六。這種比率在員工少的時候，是百分之十六，但到了現在有一千六百名員工時，還是百分之十六。

我原先預估在員工增加之後，「百分之十六」的數字將會減少，但沒想到仍然維持著百分之十六的比率。

看來世上想要欺騙太太的男人，似乎是佔所有男人的百分之十六。認為愛老婆的先生，必須百分之百把薪水袋交給老婆的人，也在這百分之十六當中。

負責處理這項作業的人，認為提供佔百分之十六的員工這項服務很麻煩，希望我能夠廢止，但因為公司裡面也有百分之百受到老婆限制而失去幹勁的員工，所以我還是打算暫時維持這個「救濟制度」。

當然，我就是這百分之十六員工的代言人。

31 向太太要零用錢的時機

方才我說過，有百分之十六的人欺瞞太太。反過來說，有百分之八十四的男性們都是規規矩矩的老實人。

有百分之八十四的男人不會欺騙太太，這個數字可真有夠瞧的。有八成以上的人不會撒謊，所以大部分的男人都很老實。

換言之，百分之八十四的男人收入全部被太太搜括一空，而經濟大權旁落，處處受到控制，必須向太太要零用錢。

我對這百分之八十四的男性，如何向太太要零用錢很感興趣，也問過許多人。幾乎所有的男性都是在玄關穿好鞋子，在出門前向太太說道：

「啊！今天在公司需要用一點錢。」

說完之後，就把手伸出去。這樣太太就會悶不吭聲地給他們錢。

拿到錢後，打開門飛奔出去。動作要快，不能稍作停留。

掌握那一剎那，告訴太太自己需要用錢，這是向太太要零用錢的要訣。

如果在穿鞋子的時候就向太太要錢，因為距離出門還有一小段時間，所以太太就會逼問：

「你要錢做什麼？」

「又要和誰去哪裡？」

「前天不是才拿了一萬元？」

如果理由很含糊的話，太太不但不會給你零用錢，還會把你趕出去。

要是掌握的時機不對，就要不到零用錢。

聽到男性們這麼說，我覺得事情的情況也的確是如此，男人真命苦！

32 用表揚的方式回報員工

如果我覺得員工表現不錯，即使是非常小的事情，我都會表揚那位員工。日本人常說「賞罰分明」，但實際上都沒有做到，總是敷衍了事，馬馬虎虎。

前幾天發生了一件事情：在麥當勞戶塚店前，一群童子軍於日正當中太陽最強，三十二度高溫的大熱天下舉行募款活動。在熱浪的襲擊下，童子軍們一個接一個地倒了下去。那時候，我們的店長立即拿可口可樂給他們喝。

喝過冰涼的可樂之後，童子軍們就恢復了精神。

這種事情在麥當勞來講，可是很稀疏平常的事，所以公司內部也沒有特別將這件事向我報告。

然而，過了不久之後，童子軍組織中一位地位崇高的人士，寫了一封措詞非常誠摯的信給我，我這才知道我們那位店長的善行，此一善行是透過公司外部的人讓我得知的，意義是不一樣的。

我立即表揚那位店長。

我認為在眾人面前表揚表現不錯的員工，是一件非常重要的事。如果連小事情都能加以表揚，員工就會拚命努力地工作。

表揚會給予人價值感，任何一件芝麻綠豆大的事情都能帶給人價值感。

表揚員工並不需要花錢。

我表揚員工的獎品，就是讓他們去歐洲旅行。對我來講，這種花費也算是很便宜。提到合理主義，人們往往會將一切換算成金錢，但我覺得不要什麼都談到錢，有時還可以給員工某些東西。比方說，表揚之類的行為也是有必要的。

33 鼓掌具有喚來客人的力量

麥當勞在全國約登記了六十萬名孩童的生日資料。

孩童的生日即將來臨之前，在總公司電腦的指示下，我們會將生日卡寄給孩童。接到生日卡的孩童，在生日當天就會來店裡。

在這種情況之下，一般的商店都是以接待的那位店員向孩童說道：「生日快樂！」並且致送生日禮物。但麥當勞的做法卻不一樣。

我們的慣例是讓在場的全體員工向那孩童說：「生日快樂！」然後為他鼓掌。平常很少被鼓掌的孩童看到大家為他鼓掌，都會覺得非常高興。

當然，孩童會告訴父母親這件事。

父母親聽了之後，也會覺得很高興。

只要他們高興，就絕不會與麥當勞為敵。下一次全家人要出去外面吃飯時，自然會把麥當勞列入考慮。

另外，從長遠的眼光來看，對麥當勞的將來也有很大的助益。

鼓掌具有不可思議的力量，古時候在沒有勳章的時代，就是用鼓掌的方式來表揚人。即使時代不斷地進步，鼓掌在今日仍然具有卓著的效果。

尤其是對小孩子鼓掌，效果更大。

我們是在營業時間內對著孩童鼓掌的，看到這個場面，有些媽媽還會為小朋友感到特別高興，喜極而泣呢！

34 事業是從內部開始潰敗的

我在東京經堂這個地方建有單身宿舍，前幾天前往視察。

總共二十四間，全部都裝有冷暖氣機。

然而，洗手間和沖洗式馬桶卻非常髒。

於是，我就把總務部經理叫過來責罵：

「這種地方可以住人嗎？趕快給我弄乾淨！」

然而總務經理卻回答：「公司沒有這個預算！」

我聽了之後，不由得怒罵道：

「你說沒有預算是怎麼一回事？為什麼不要求撥預算下來？所謂文明就是清潔，這也是我們公司的標語。讓員工使用這麼髒的洗手間和沖洗式馬桶，員工又怎麼敢對客人說，『所謂文明就是清潔』呢？」

說完之後，我立即叫他們從新改成用大理石鋪成的漂亮洗手間。

事後，我詢問住在單身宿舍的員工，他們都回答：「住起來比自己的家裡還要舒服。」

我覺得這麼做，優秀的人才才會到我們公司來。後來有兩位從香港來的研習生，說無論如何都要住進經堂的單身宿舍，我們乾淨的單身宿舍聲名遠播，連大海的彼岸都知道。

想要讓事業成功，必須保持整潔的外觀，同時對於內部環境也要做好清潔的工作，裡裡外外都乾淨整潔，就是一個企業的形象。

麥當勞大約有三萬名兼職人員，有一大半都是學生，到別的地方去經常會談到自己工作的公司，如果內部環境不潔淨，很快就會傳播開來。雖然外觀很重要，但內部也必須確實地做好才行。

事業從內部開始潰敗，是一件最可怕的事。

第4章

如果悶不吭聲，就無法**飛黃騰達**

35 不要和老闆一起去旅行

上班族不可以單獨和自己的老闆一起去旅行。

這種事情千萬要注意，最好不要做。

如果和老闆去旅行，永遠都無法升遷。不管是多麼出色的老闆，一樣都是人，和他一起去旅行時，很容易會發現同行者的各種缺點而開始在意起來。

雖然員工非常拚命地工作，但一旦被發現個人缺點之後，不管怎麼做、老闆都不會喜歡。旅途中的疲勞和旅行的這段期間，每天看到的都是同一張面孔，那種不滿的情緒還會更變本加厲。如此一來，以後就沒希望出頭了。

在公司所沒有注意到的缺點，例如用餐習慣不佳，電話的應對態度不好等等，就會非常明顯地出現在老闆眼前了。

而在旅行結束後，老闆對於該員工的觀感就會與過去完全不同了。

這時，即使在工作上，你的表現比過去更好，也是白費工夫了。因為共同生活（旅行）的那個印象，是永不磨滅的啊！

我經常聽到其他公司的老闆抱怨道：

「藤田先生，我原先以為我們公司的某某人是個優秀的職員，但和他一起去旅行之後，才發覺他根本就是笨蛋一個，好差勁的傢伙！」

婚姻生活也有類似的情況，原先以為世界上再也找不到第二個這麼美好的女子了，等到和她生活在一起之後，才發覺眼睛看到的都是缺點，而「昨天的朱顏，已成為今日的黃臉婆了。」真是叫人萬分後悔。

相同的道理，如果想要在事業上飛黃騰達，最好避免和老闆一起去旅行。

36 和別人是不是要保持距離？

開車時，為了不撞上前車的車尾，必須保持安全距離。
相同的，對人也一樣，最好要保持距離。
會覺得老婆變得無趣，是因為你對她的一切太過瞭解的緣故。
即使不和老闆一起去旅行，也最好不要和老闆的關係太過密切。
我偶爾也會在星期日和員工去遊玩，有一位員工倒也機靈，還開車來接我，我就坐在後座，往目的地前進。然而，在那名員工在駕駛時，我卻發現到他的缺點，例如：開車技術不佳、還會違規闖紅燈等等。
我心裡就在想：「開車開成這樣的傢伙，一定不能把重要的工作交給他做。」對他的看法也就完全改觀了。
你看，好心沒好報，開車接送人家，還讓人瞧扁了。
給對方留下問號或保持一點神祕感，人際關係才能進展得順利。
因此，人與人之間的交往最好是保持距離，以策安全。

37 員工表現不佳，不要向老闆解釋

我總是對員工嘮叨地說：

「不必向我說明工作做不好的理由！」

表現不好，向老闆苦苦哀求也無濟於事，更重要的是賺不到錢。

我的一貫主張是——

員工做得不好，不可向老闆解釋，應力求外在的表現。

38 讓人做他自己想做的事

人類總是充滿無力感，光憑自己一個人的力量做不了什麼事。即使想推展事業，一個人的力量也有限。在眾人的合作下，才有可能成功。獲得眾人的合作似乎是非常困難的工作，而且大多數人也都會有如此的想法。

因此，自己不想做的事情不要讓別人去做。

同時，要讓別人做他自己想要做的事。

——這是用人的最佳祕訣。

如果認為老闆可以擺著一副很了不起的臉孔對員工頤指氣使，那就大錯特錯了。就算老闆多麼地逞威風，光憑自己一個人的力量也做不了什麼事。僅僅一個人，沒辦法喝幾十瓶酒，也沒有力氣抬起幾百公斤的東西。

如果想做大事，必須將一個人的力量增加幾萬倍才行。

而且絕對不可讓別人做自己不想要做的事。

39 對女性員工直呼其名

由於我不喜歡人家連名帶姓的叫我的名字，所以我在叫員工時，一定會稱呼對方為「某某先生」。

即使對方表現稍微不佳，我也不會說：「喂！你來做這件事情。」

對於女性員工，我則不會叫她們的姓氏，而是在她的名字後加上「小姐」。

例如：

「清子小姐！」

「由美小姐！」

「明美小姐！」

第一次來麥當勞總公司的人，都說我們公司感覺好像是酒店。

（這傢伙一定常常去酒店泡妞。）

但是對於櫃檯的女性職員，我就不會加「小姐」這兩個字，而直接叫對方的名字，以表示親愛之情。

前幾天，我問櫃檯小姐：

「順子，妳為什麼戴眼鏡？」

「戴眼鏡看起來比較聰明。」

在一旁的新聞記者聽到，很感動地說道：「你們簡直就像是哥哥和妹妹那樣，感覺不出你們是老闆和員工的關係。」

我之所以不叫女性員工的姓氏，是因為我覺得這樣工作會進行得比較順利。

40 日語的缺點

日本人早上起來不看溫度計就說：「今天好冷哦！」或「今天好熱哦！」

依我看，這是一件很奇怪的事，人們不是應該是看了溫度計之後，才說：「啊！今天早上是三十二度，天氣實在是很熱。」或「哇！現在才六度而已，今天可真冷。」

溫度和濕度都是如此。我覺得應該使數字明確，讓生活合理化。

日本人好像有討厭生活合理化的傾向。

整體而言，日本人的日語也表現得含糊不清。

例如表現顏色的詞彙，英語有「PINK」，但日語中卻沒有相當於「PINK」的字眼。由於沒有這個字彙，所以用桃子的顏色來表示，而稱為「桃色」。或者用物品來表現顏色，如棣棠色（金黃色）、芥茉色等等。

英語中的「IN」和「OUT」分得很清楚。

然而，日語中的「端茶出來」這句話，可以用「泡茶」這個字眼來代替。因此，端「出」茶來和「泡」了茶後當然是要喝的，被表現同一個動作。

從含糊不清的日語中，可以看出日本人在生活中相互幫助的一面。可是，在國際商業的領域上，卻無法用含糊不清的語言來因應。

「IN」和「OUT」完全不同，所以如果不明確地加以區分，就會很麻煩。

雖說日語「端茶出來」和「泡茶」的用法相同，但卻不適用於國際商業的領域上。我覺得由於這種情況，讓日本人在國際商業的領域上總是吃悶虧。

41 在現世即可活於天堂中

戰國時代有一名武將，名叫山中鹿之介。

山中鹿之介是山陰尼子氏的武將，戴著月牙型的頭盔，以「請賜給我各種災難和苦惱」這句祈禱詞而聞名。

對於山中鹿之介的想法，我實在無法苟同。

「請賜給我各種災難和苦惱」是典型的末世思想。依我看，一無可取。

我完全不曉得為什麼要希望讓自己去遭受各種災難和苦惱呢？

活在天堂中才有生存的價值，我們應該這樣祈禱才對：

「希望獲得更多薪水」、「希望能夠過著愉快的人生」、「希望自己很幸運」……而「請賜給我各種災難和苦惱」，這種末世思想只會妨礙日本的進步。

我覺得，湧現出更冠冕堂皇，能讓自己活下去的慾望也無所謂。我認為應該在現世生活中追求天堂的境界。

就算死後有天堂，那也是很無趣的事。

42 做生意就是「成者為王」

我喜歡「成者為王，敗者為寇」這句話。

做生意就是「成者為王」。

另外，經營企業也非勝不可。

失敗之後，再找冠冕堂皇的理由來辯解，也無濟於事。

我認為，所謂的資本邏輯、資本主義社會，不外乎就是賺錢這回事。

最近流行「弱者必須自力救濟」（別人幫不了你），這句掩飾資本邏輯的話，彷彿是在說賺錢是一種罪惡似的。

那是不對的，我們非勝不可。

做生意是「成者為王，敗者為寇」，不會賺錢的人，就只會走上死亡這條路。老是說「哎呀！景氣真差，我們現在簡直都沒有生意做，世路真是艱難啊！」這句話的人，就如同自己說自己是笨蛋傻瓜一樣。

因為在景氣不佳的時候，也存在著像麥當勞這種每年營業額增加百分之二十，而非常賺錢的企業。

把責任歸咎於社會或世局，只會顯示出自己的不夠努力。要明白今後是不從事研究就無法獲勝的時代。

我覺得日本人對於在生意場上獲勝這件事，太過於淡然處之。

古時候的日本人有一種想法，認為能夠忍受得了失敗，過著窮困潦倒的生活，才是真正的男子漢。

這是一種貧困的想法，甚至成為日本的流行歌。

可是，即使寫成歌曲，這種想法還是無法化為金錢。

在商場上生存獲勝還是最重要的事。

「成者為王」的想法，必須在商場上更進一步地推行才對。

43

一攫千金不是做生意的手法

有人靠買賣股票賺錢。可是，並沒有靠買賣股票賺錢而從事正經生意的人。買賣書畫的商人把十萬日圓買進來的畫，以一百萬日圓的價格賣出去。我覺得從這裡賺一百日圓，從那裡賺兩百日圓，孜孜不倦地聚錢才是做生意之道，一攫千金並不是做生意的手法。

44 做生意必須洋化才行

日本自明治以來，一直都走在洋化之路上。

姑且不論洋化的方向對不對，日本朝著洋化的路線前進，則是無可否認的事實。木屐改為拖鞋、草履改成皮鞋、和服改為洋裝、髮髻改為西式髮型，房子也改建成公寓或洋式建築。

可以說整個日本都乘著洋化的波浪前進！

就連食品業界也是如此，一般人也不認為唯有食品業界是走在不同的道路上。以餐飲業來講，大體上還看不到日式餐廳有蓬勃發展的趨勢。我認為一般日式餐廳繁榮的時代已經結束了！

我這麼說，對經營日式餐廳連鎖店的人而言，可能不是很禮貌。可是，我還是要提出來講：現在這個時代，並不適合從事日式餐廳連鎖化經營。

不久之後，販賣牛肉蓋飯的吉野屋所面臨的經營瓶頸，將會表面化。

受到通貨膨脹的影響，生活將會越來越困苦。這樣一來，飲食往速食的方向發展也是理所當然的事。

身穿和服，腳穿草鞋的時代，顯然不會再次來臨。有志於在商場上有一番作為的人，如果不循著洋化的方向走在前頭，就不會有成功的希望。

儘管如此，認為「因為日本人用筷子吃飯，喜歡喝味噌湯，所以日式餐廳必然還會有所發展」的人，會在商場上敗下陣來也是理所當然的事。因為這種想法，可以說是前往博物館的想法。

如果無論如何都想販賣有媽媽味道的食品，那麼可以建造類似博物館那樣的建築物，把盈虧置之度外，成為博物館式的餐廳。

有些人從明治村獲得靈感，由於明治村建造於都會之中，重現火警瞭望台、穀倉、村公所等江戶時代的建築物。因此，有些人就想做日式餐廳的生意。

如果想要開一家把盈虧置之度外的博物館式的餐廳，那也無所謂。但要是真的當作生意來做的話，那無異是瘋狂的行為。

不信的話，做看看，失敗而虧大錢之後應該就可以曉得，那是多麼粗糙又食古不化的想法。

時代已經朝著洋化的方向前進。而可笑的是，日本人白天穿西裝打領帶，坐在椅子上工作，但是一到了晚上，卻在自己家中的榻榻米上享受生活。

這究竟是怎麼一回事呢？

白天穿西裝打領帶坐在椅子上，晚上也坐在椅子上，躺在床上才算是完全的洋化。但有很多日本人晚上是穿著浴衣、和服坐在榻榻米上。

日本的文化以及在和風的生活中，仍殘留著許多武士道和江戶時代儒家思想的合體。和人見面時鞠躬打招呼，說「早安」或「再見」，都是武士道和儒家思想合體的遺緒。

在生活中，常聽到「寬大的胸懷」、「從容不迫」、「心情放鬆」等詞彙所表現的心理狀態，就是武士道與儒家思想的合體。

白天坐在椅子上，穿西裝打領帶，過著屬於洋化的生活，那是歐洲過時的合理主義（例如歐美人士很多穿西裝並不打領帶了）。

日本人在夜晚捨棄歐洲過時合理主義的想法，換成日本式的生活來蓄積精力。藉由這種方式恢復精力。翌日，又在擁擠的電車中搖來晃去，開始展開合理化、合理主義的生活，這是大部分的日本人所過的日常生活。

當日本人不管白天或夜晚，都過著歐洲合理主義的生活時，就是洗澡時都站著淋浴，而不再進入澡盆洗澡的時候。

歐美人在下班回家後，就站著淋浴，再穿上休閒服。但大部分的日本人到現在還是蹲著進入澡盆，換上浴衣或棉製和服，然後坐在榻榻米上。

日本人在家中特意盤腿坐在椅子上，一點也不稀奇。

日本人從歐洲合理主義更換為武士道和儒家的日本式生活，最明顯的就是在澡盆內蹲著的時候。

我因為工作的關係，在全世界各地飛來飛去，但在外國幾乎沒有放鬆心情的時候。有一次，我在浴缸內放入溫水之後，沒有躺在裡頭，而是試著蹲在浴缸內，結果覺得全身非常舒服，整個緊張的心情也為之放鬆。

時代已經朝著洋化的方向前進，如果想賺錢的話，就必須在洋化的前頭等待。

但日本人同時在與洋化相反的地方輕鬆地休息，這也是確切的事實。

想要輕鬆地休息可以採用日本式，但做生意就必須洋化才行。

45 工作效率低落時，就到外國去

歐美的大飯店內備有女用局部沖洗器，這是常識。

然而，在日本即使是一流的大飯店，也幾乎都沒有女用局部沖洗器。浴室內備有女用局部沖洗器被視為理所當然的時代，遲早會到來。不過，我估計大概還要再等一百五十年。

世事真是可笑，進展得太快也賺不到錢，應該一點一點地慢慢改變才行，因為人趕不上急遽的變化。

時代正緩緩地在改變，我們很難用肉眼來掌握下一刻會產生什麼樣的變化。如果想要掌握時代變化的趨勢，最好的方法是暫時離開日本前往外國，這樣就可以瞭解日本究竟發生了什麼樣的變化。

尤其是前往開發中國家，回國之後，即可清楚地知悉日本文化發展的程度。

例如，前幾天我去香港百貨公司買東西。結帳時，小姐是用半拋的方式把商品遞給我，一副「要不要隨便你」的表情。

比較起來，日本的百貨公司小姐真是太可愛了，她們會把顧客購買的物品包裝得漂漂亮亮之後，再雙手遞給客人。

我覺得，就連這點小小的事情，日本都做得相當的好。然而，如果只待在日本而從未出過國的話，就不知道有這種事。

若想走在洋化的前頭賺錢，暫時離開日本前往國外也不算是浪費。

第5章

憑自己的頭腦取得天下

46 高昂的稅金使日本變得沒有希望

日本麥當勞現在連同職員和兼職人員，約有三萬多人。

換言之，我從美國引進漢堡後，提供了三萬多個工作機會。

這是與日本麥當勞直接有關的人數，而間接有關的人數則更多。

日本麥當勞今年的營業額為八百五十億日圓，其中大約一半是材料費，差不多有四百億日圓。從這個數字來看，大約有兩百萬人與本公司有關。

大約有兩百萬人或多或少靠本公司吃飯吧！

由我自己來說是有點狂妄，不過，給予大約兩百萬人就業機會，想想也真是了不起。創造了那麼多過去所沒有的工作機會，難道不應該受到好評嗎？

在日本，公司員工年滿七十歲就會獲頒勳章。有春季敘勳、秋季敘勳。像我這種從無至有的人，應該不必等到七十歲就可以獲頒勳章才對。

我這樣說並不是想要獲得勳章，可是國人不應該忽視我帶給兩百萬人就業機會的功勞。

不僅是日本麥當勞，就連新力研製新產品、日清食品研發杯麵，也創立了新工廠，把人員動員起來。如果包括相關產業在內，獲得就業機會的人數應該非常龐大、非常可觀的。

從事這種新工作，對社會的貢獻非常大。這類的公司不是應該受到更好的評價，有時在稅制方面不是也應該獲得優待嗎？為了日本，也應該振奮一下這類企業家的精神才對。

提到稅金，日本實施最高稅率的累進課稅，合計國稅和地方稅高達百分之九十三，實在是很沒道理。

這種過高的累進課稅稅率世所罕見，日本政府卻若無其事地將這種稅率，強加在國民身上，我覺得真是豈有此理！姑且不論開發中國家，沒有一個文明國家的所得稅最高要扣百分之七十五的稅率，而地方稅最高要扣百分之十八，合計扣百分之九十三。

即使是美國，最高稅率頂多也只扣百分之五十而已。

松下幸之助先生曾經說過「我向政府收了百分之七的手續費」，我完全與他有同感。古時候的幕府是「四公六民」，幕府收四分，六分給國民，而如今是比「九公一民」的情況還要慘。

我並不想偏袒有錢人，也沒有抱怨過高的累進課稅稅率，我只是擔憂這種過分課稅的方式會危害到國家的將來。

目前三、四十歲胸懷大志，才能卓越的人，都一個接一個地離開日本，前往外國定居。我在外國碰到這些人時，就問道：「你為什麼不住在日本？」他們都異口同聲地回答：「在稅金那麼高的國家中，會失去工作的幹勁。」

懷有夢想想要賺大錢，年輕力壯的人們對日本的稅制感到失望，而開始放棄祖國。照這樣下去，日本就會只留下那些沒有幹勁，不想賺錢的廢物。如此一來，日本就不會有將來。不只是才能卓越的年輕人，如果拚命地賺錢卻必須被扣掉百分之九十三的稅金，就連企業家也會失去工作的幹勁。

如果董事長失去了企業家的精神，那麼所得在一千萬日圓至兩千萬日圓的中堅幹部，就會裝糊塗地盡量摸魚。要是日本變成這樣的國家，那就沒有指望了。

為了留住年輕人，為了讓經營者萌生企業家的精神，應該立即修改這種不合理的累進課稅率。

每年三月十五日申報所得稅時，我也會感到很後悔：「稅率這麼高，這一年來，我幹嘛那麼賣力地工作？」

每年我都會想：「明年洗手不幹算了！」

可是，一想到有三萬人在靠我吃飯，要是我不做的話，豈不是給他們帶來麻煩嗎？所以只好打消這個念頭。年輕時，我是為了錢而工作，如今完全是為了員工，為了社會而工作。

想到稅金，真的覺得自己是個傻瓜。

必須使日本成為想到稅金而不會覺得自己是傻瓜的文明國，如果不能這樣做，日本不發生暴動將是一件不可思議的事。就算沒有發生暴動，積極工作的人絕對會逃稅，一般的公司行號也一定會有兩本帳冊。

這些年來，政治家一邊搶奪國民的稅金，一邊又不想減稅。不僅是自民黨，就連在野黨也佯裝不知，因為很多政治家都為自己準備了規避課稅的方法。

我想說的是，政治家不妨設身處地為那些實際努力工作賺錢，卻被扣百分之九十三稅金的人著想。為什麼新聞媒體對這種荒謬的累進課稅漠不關心呢？

有錢人並不是小偷，當大家都在吃鰻魚蓋飯時，我們還在吃茶泡飯，努力地存錢。所以，把有錢人當作壞蛋來看待並不對。

不過，有些人拼命逃稅，一毛錢也不想交稅，在外頭養女人，享盡齊人之福，那就是名副其實的壞蛋了。

47 從「扔掉」開始教育起

做好之後經過七分鐘還沒有賣掉的漢堡，我們麥當勞一律扔掉。同樣的，薯條做好之後經過七分鐘，也一定要扔掉。

漢堡和薯條又沒有壞掉，為什麼要扔掉呢？因為我們麥當勞的宗旨是，隨時提供客人熱呼呼的漢堡和薯條。

由於東西沒有腐壞就扔掉，剛進入公司的新員工似乎很排斥這種做法，覺得這麼做實在很浪費。

他們會有這種想法，也是無可厚非。日本人受到佛教和儒家思想所支配，從小就被教育不可暴殄天物，如果浪費就會遭天譴。因此，我要他們把做好超過七分鐘的漢堡和薯條扔掉時，他們說什麼都捨不得扔掉。

可是，為了提供客人熱呼呼的食物，我們必須將超過規定時間的漢堡和薯條一個接一個地扔掉。食物冷掉之後，就沒那麼好吃。我覺得即使在還可以吃的狀態下也必須扔掉，這才是真正的服務顧客。

日本人從早上起床至晚上就寢，整天都受到佛教、儒家思想所支配。我完全沒有要指責佛教、儒家思想的意思，但我覺得這是阻礙日本發展的因素。

佛教、儒家思想都很不錯，但正如不將冷掉的食物提供給客人而斷然捨棄一樣，有時還是需要試著擺脫佛教、儒家思想來思考事情。

拘泥於單一的思想而無法萌生其他的想法，只會產生負面的作用。

歐美人沒有佛教、儒家思想，因此認為如果把食物端出去會讓客人覺得不愉快時，就會毫不猶豫地把食物扔掉。

然而，日本人錯以為全世界的人都具有佛教、儒家思想，因而出現與歐美人不一致的想法，最後蒙受不少損失。

48 舶來品自卑情結與攘夷論，只有一紙之隔

日本麥當勞禁止在店內懸掛美國國旗或美國地圖，雖然我們賣的是來自美國的漢堡，但店內完全不擺設會讓人聯想到美國的物品。

「麥當勞」這個招牌是用片假名，而不是用英文書寫的。

我之所以會這麼做，也是因為日本人具有雙重性格所致。

日本人表面上有很強烈的「舶來品自卑情結」，會無緣無故地對外國人笑。可是在笑容底下卻藏著「你這個洋鬼子！」的想法。崇拜舶來品和尊王攘夷論，在日本人的心中，只有一紙之隔。

所以，我禁止在店裡擺設會令人聯想到美國的物品，目的是在避免刺激到日本人的「舶來品自卑情結」和「攘夷論」。

換言之，我主要的著眼點是用糯米紙原封不動地將「舶來品自卑情結」包起來，讓日本人吞下去。因此，我的方針是「麥當勞漢堡」這幾個字要用片假名書

寫，而不能用英文書寫，更不能懸掛星條旗和美國地圖。

若是在日本人面前太過強調美國的優點，日本人就會感到不高興。雖然嘴巴不說，但內心卻不喜歡別人動不動就說：「美國多好！日本沒有一點比得上。」

在做生意時，必須認識到日本人的「舶來品自卑情結」和「攘夷論」這種雙重性格，而將計就計地加以利用。

附帶一提，日本人的心中也有神道和佛教這種雙重信仰。

根據我的推測，古時候有一支圍著兜襠布的種族從南方登陸日本，是他們將神道的「鳥居（神社入口的牌坊）」帶進日本，這是屬於兜襠布鳥居派。另外，在一千三百年前，佛教傳入日本。

換言之，佛教是舶來品，屬於舶來佛教派。

就這樣，兜襠布鳥居派與舶來佛教派開始同時存在於日本人的心中，而形成神道和佛教的雙重信仰。

於是，日本人毫無抵抗地接受「婚禮在神前舉行，葬禮用佛教儀式來舉行」的模式。生前屬於兜襠布鳥居派，死後則希望藉由舶來的宗教前往淨土。葬禮用佛教儀式舉行，也是崇拜舶來品的變形。

還有一點，我在這裡也順便提一下。

總理大臣參拜靖國神社一定會發生問題，但若以私人的身分參拜則無所謂。為什麼以政府的名義參拜就不行？這真是一個很奇怪的理論。

我想要問的是，總理大臣參拜為國犧牲的烈士有什麼不行？

問題在於靖國「神社」這個稱呼。在此出現一種推理方式：由於叫做「神社」，適用神社法，所以總理大臣不能公開地偏袒任何一種宗教。

假如把靖國神社改成「無名戰士之廟」或「英靈廟」，就算總理大臣以政府的名義去參拜，也不會有問題。

我覺得應該這麼做才對！

49 漢堡帶來文化衝擊

外國記者偶爾會來採訪我。

據說他們會以我為採訪對象，是因為我正在顛覆日本人的飲食習慣，這一點令他們感到無比的興趣。

他們指出，我用漢堡帶給日本國民的文化衝擊遠超過佛教傳入日本。

事實上，要兩千年來吃習慣米飯和魚肉的日本人改吃肉類、麵包和馬鈴薯，這是一種文化衝擊，其影響是無法估計的。

這不單只是把米改為麵包，把魚改成肉而已。

在食用米飯和魚肉的時代，日本人是坐在餐桌旁，拿著筷子，舉止端莊且安靜地用餐。然而，吃漢堡不需要筷子，用手抓起來就可以吃，一邊吃一邊聊天也無所謂。走在熙熙攘攘的人群中也可以吃。如果工作忙碌，亦能一邊做事一邊吃。

換言之，不僅是食物材料，漢堡也改變了用餐禮儀。

這已經算是飲食的革命了。

50 猶太人的經商方法保證會增加營業額

美國有一家「賽門市場行銷公司」，由布朗先生和史坦登先生這兩位猶太人分別擔任董事長和總經理。

史坦登先生前年從美國打電話給我：「美國麥當勞採用我們公司研發的Game Promotion大約五年，營業額正大幅上升。難道你們日本麥當勞不打算採用嗎？」

他趾高氣昂地繼續說道：「我看過日本人的做法，你們是讓顧客用摸彩的方式抽抽獎品，已經太老套了。現在已經不是摸彩的時代了。想要賺錢，最好是採用我們研發的Game Promotion！」

我問對方什麼是Game Promotion？根據史坦登先生的解釋，那是一種新的抽獎方式，方法是發卡片給客人，讓客人用硬幣刮隱藏的部分，刮出下面的字樣，字樣寫的是什麼獎品，就贈送客人什麼獎品。

換言之，客人可以享受刮刮樂的樂趣，刮中了又可以獲得獎品。因此，非常受到客人的歡迎。如果採用的話，多半會賺更多的錢。

據史坦登先生指出，這種刮刮樂卡片在美國麥當勞已經用掉了七億張。美國的總人口有兩億人，七億張是總人口的三點五倍。這個數字，實在是挺驚人的。

「好！那你來日本一趟，為我做詳細的說明！」我被對方的話引起興趣，說完這句話之後，準備掛斷電話。

正當我即將掛斷電話之前，史坦登先生說道：「有一件事我忘了告訴你！」

「什麼事？」

「我去日本向你說明什麼是Game Promotion，說明時間大約是兩個鐘頭，但我必須收取十萬美元的費用。我希望你先把兩小時十萬美元的講解費匯到我們公司來。如果不先匯錢，恕我無法前去日本。」史坦登先生說。

「為什麼要支付十萬美元給你？」我反問道。

「我向你講解兩個小時的Game Promotion，是在教你我們研發的技術竅門。教了之後，如果你們不採用，那麼我們將會在技術竅門的部分蒙受損失。因此，假如你不預付十萬美元的話，我就不能前去日本了。」

「哦？原來如此！」我問過原因之後，就把電話掛斷了。

有時候我也會受邀演講，兩個小時的演講費是三十萬日圓或五十萬日圓。可是，兩個小時的演講費要十萬美元，實在是貴得離譜。十萬美元在此時約合兩千四百萬日圓。算起來一小時是一千兩百萬日圓，十分鐘是兩百萬日圓，這個費用不可不謂是個天價。

於是，我打電話給美國麥當勞總公司，告訴他們史坦登先生兩小時的說明向我要求十萬美元。

美國麥當勞總公司指出，史坦登先生的要求很合理。美國麥當勞總公司在「賽門市場行銷公司」為他們說明Game Promotion之前，也是以訂金的方式付了這項技術竅門費。

我聽了美國麥當勞這麼說之後，就打電話給史坦登先生：「你要我匯十萬美元的訂金給你，可是美國麥當勞總公司說已經付了這筆錢給賽門市場行銷公司了。由於日本麥當勞是美國麥當勞的合營公司，所以我們不需要付這筆錢。我不打算付兩次錢給你們公司。」

史坦登先生沉思了一下，笑著回答：

「好吧！那我去日本為你做個說明。不過，這件事你可不能跟其他公司講哦！其他公司我不管他們是不是合營公司，每次我都得收取講解費。」

史坦登先生來日本為我講解了兩個小時之後，我發現這果然是非常不錯的構想，也難怪他會那麼自滿。

「貴公司只要實施Game Promotion一個月，營業額將可提高百分之十六。」史坦登先生明確地說道。

我有些不懷好意地說道：「你隨便說說，要我怎樣相信？你敢保證我們的營業額可以提高百分之十六嗎？要是我們拚命地推銷，結果卻達不到這個數字，那可就不妙囉！」

然而，史坦登先生卻拍著胸脯說道：「我保證貴公司一定可以提高百分之十六的營業額。」

他這麼回答，著實讓我大吃一驚。

接著，他又說道：「正因為我可以保證讓貴公司提高百分之十六的營業額，所以光是說明就要向你收取十萬美元的費用。我不會來日本招搖撞騙的。」

他敢這麼說，可見他具有絕對的自信。

我舉數字來說明，讓讀者瞭解一下增加百分之十六的營業額有多麼地驚人！

假設日本麥當勞一個月的營業額為一百億日圓，要是採用了「賽門市場行銷公司」所研發的Game Promotion一個月，營業額將可達到一百十六億日圓。

當營業額達到一百億日圓時，就已經全部攤還成本。

換言之，增加的十六億日圓不需要付電費、人事費、房租等任何費用，只需要付肉和麵包的直接材料費而已。

「藤田先生，這樣一來，增加的十六億日圓的營業額中，你淨賺了六成。十六億日圓的六成大約是十億日圓，全都是淨賺的。我教你賺這麼多錢，為什麼你捨不得花兩千四百萬日圓呢？你賺了十億日圓，而我只賺了兩千四百萬日圓而已耶！」史坦登先生說道。

日本有很多廣告代理公司、促進銷售公司，如電通或博報堂等等，可是沒有一家公司敢向客戶保證「這麼做，可以提高百分之多少的營業額」。

對自己研發的產品具有絕對的信心，敢向客戶保證可以提高百分之多少的營業額，光是這一點就值得我們欽佩。

51 讓客人玩遊戲

我一邊聽史坦登先生講解Game Promotion，一邊看了卡片的實物。

卡片上印有獎金額度，最多三千日圓，還有兩千日圓、一千日圓不等。獎金額度上包覆著銀色的膠膜。客人按照卡片上的指示用硬幣刮除銀色膠膜，如果刮中兩個相同的金額，即表示中獎了，可以領到該獎金。

「如果客人記住中獎的位置，只刮那個地方，那我不是虧大了嗎？」我問道。

「我們製作了六百種卡片，由於不會有人在兩個月內來店裡六百次，所以如果製作六百套卡片，就不會把相同的卡片交給同一位客人。上一次刮中，這一次再刮同樣的地方，一定刮不中。我們從心理學上已經大致瞭解拿到卡片的人會先刮哪個地方，因此可以計算出中獎的獎項是多少？獎金是多少？」史坦登先生很有自信的回答。

「你們知道美國人會先刮哪個地方，這一點我不表示懷疑。但日本人的心理，我想你們多半不曉得吧？」我問道。

「人類的心理狀態都是相同的，不管是日本人或美國人都一樣。」他回答。

因此，我就在半信半疑之下，和「賽門市場行銷公司」簽訂了Game Promotion的契約。

我花了兩億日圓購買了六百種卡片。事後，令我感到驚訝的是，在實施Game Promotion之後，營業額正好提高了百分之十六。

對於這個結果，連我都讚歎不已！

「為什麼會不多不少，剛好增加了百分之十六的營業額？」我有些不服氣地向史坦登先生求教。

他笑嘻嘻地回答：「我們是透過簡單的計算方式得知的。」

可是，史坦登先生並沒有告訴我那個簡單的計算方式，而只是說：「你必須再給錢，我才會告訴你。」

去年和前年，日本麥當勞實施了五次Game Promotion。

令人懊惱的是，營業額全都提高了百分之十六。

這種遊戲的重點，是由客人刮掉銀色的膠膜。

當客人拿到卡片之後，一定會刮獎。運氣不好就不會中獎，運氣好的就會中獎。因此，客人對此「碰碰運氣」極感興趣，想要拿到卡片就會來店裡。由客人自己刮除卡片上的銀色膠膜，是這個遊戲大受歡迎的祕密。

我問過史坦登先生之後，他告訴我這就是所謂的「哥倫布的雞蛋」（比喻從結果來看很簡單的事情，最初嘗試做時卻是極為困難）。

這種由客人參加的抽獎方式，至今在美國實行得非常成功。

我想，不久之後，整個日本也將會流行起「刮刮樂」。

即使是電視，由觀眾參加的節目也非常受歡迎。我預估讓客人自己抽獎的方式，也將會成為商場上的主流。

現在，彩券也採用這種方式了。

現代人對能夠親自參加的活動特別感興趣。觀看棒球比賽的觀眾，不是只觀賞而已，也會大吼大叫，拚命聲援自己所喜愛的球隊，隨著球隊的輸贏而或悲或喜。

今後，是由個人自主參加活動的時代。

52 撿到一百日圓的硬幣時該怎麼辦？

在日本麥當勞的收益金項目中，有一項是「遺落於店內的錢」。

嚴格說來，撿到的錢應該交給派出所才對。

當然，在店內撿到客人遺失的皮夾，一萬日圓或十萬日圓的大鈔時，我們一定會交到派出所。

可是，客人遺落在店內的錢大多是十圓的銅板，頂多是一百圓的銅板，說起來都是小錢。如果逐一地送交派出所，日本派出所的業務就會被癱瘓了。

因此，我決定列入「拾獲金」的項目來處理。

當我告訴猶太人說：「日本麥當勞的職員在店內檢到客人遺落的零錢時，都要交給經理！」對方聽了之後，竟捧腹大笑。

「有什麼好笑的？」我問道。

「撿到掉落於地板的錢不必交給經理，放入自己的口袋裡不是很好嗎？」

猶太人認為撿到別人遺落的東西，就是自己的。這一點和日本人不一樣。日本人認為把別人遺落的金錢據為己有，佛陀會看到，而且還會遭到天譴。因此，必須老老實實地交出來。

關於這一點，很難說誰對誰錯，光是從撿到一百日圓的硬幣來看，就可以知道猶太人與日本人對事物的看法，有著如此大的差異。

53 輕而易舉即可激發員工的「幹勁」

怎樣才能激發員工的幹勁？

我認為，這很簡單！

只要讓員工對自己的工作產生使命感，工作自然就會有幹勁。

如果告訴員工：「這種工作對社會、對人群有很大的幫助。」

一般而言，員工就會產生幹勁。

反過來說，假如企業無益於世人，對社會的進步沒有貢獻，那麼就無法激起員工的幹勁。翻閱古今中外的歷史，即可清楚地瞭解，只要不是對社會有幫助的工作，就不會成功。

員工是希望能夠透過自己所從事的工作，有益於社會的進步，而不是僅僅為了領取薪水才來公司上班。企業的經營者必須多多思考這方面的問題。

我常對員工說，而且自己也認為：在日本銷售麥當勞漢堡的工作，是對國民最有文化價值的工作。由於是這樣的工作，所以我想付給員工日本第一高的薪水。

54 讓員工成為富翁

縱觀日本的資本主義在明治以後的進展，可以發現有很多公司的經營者或老闆都成為富翁，而使員工成為富翁的老闆，卻一個也沒有。

我覺得不只要讓自己賺錢，也要讓員工成為富翁。這個想法如果成功的話，那麼我就是第一個使員工成為富翁的老闆。

為了讓員工成為富翁，我想出了「員工經銷權制度」。

簡單而言，就是對於忠實服務多年的老夥計，允許其使用同一字號開業，資助本錢、貸與商品（賒欠債款）等。

如果在日本麥當勞工作十多年的員工提出這樣的要求，我會允許他們以「麥當勞」的店名開店做生意。以這種方式獨立出去的「分號」，大約已經有三十家，目前的生意全都非常興隆。

在我這裡工作十多年的員工若是希望獨立，只要準備兩百五十萬日圓的保證金，就可以擁有自己的「麥當勞」分店。

超過兩百五十萬的金額，全部由公司負責。因此，不必自己準備龐大的資金。為了不失掉麥當勞漢堡的原味，分店向總公司的配送中心採購，所以不必煩惱採購的問題。若能靈活運用十年內在麥當勞學到的技術和竅門，就可以經營出一家出色的店。

我對於希望獨立的員工，只開出一個條件，就是一定要夫妻兩人一起經營。在公司內工作十年，具有資格的員工提出要求，只要繳交十萬日圓就可以預先登記。員工不必找開店的地點，這方面由總公司全權負責。

總公司找到地點之後，會詢問三位左右有意開店的員工：「誰願意在這裡開店？」若是其中有一位員工很想在該地點開店，那麼總公司就會讓他獨立出去。

擁有自己的店之後，就會比以前加倍努力地工作。不要說是工作八小時，即使一天工作二十四小時，也會做得很高興。因此，營業額和利潤都會增加。再加上因為是自己的店，電力、瓦斯在不用時，就會隨手關掉，避免無謂的浪費，因此就能夠賺錢。

而且不限於一家店而已，能力卓越的員工想開幾家店，我就讓他開幾家店。靈活運用自我能力，在經營數家店的過程中，一定可以出現構築巨大財富的員工。

有了這種制度之後，員工自然會產生幹勁，拚命努力地工作。

讓員工成為億萬富翁，這是以前的經營者所沒有的想法。過去的經營者似乎認為，只要自己能夠賺錢、養個小老婆，就感到心滿意足了。

而我的想法是，要是能讓員工成為富翁，在他們開店時，只要給我一點權利金，我就會覺得非常滿意。我認為這是新資本主義未來的走向。

我的觀念是，想要自立門戶的員工，我就把商號借給他；想要成為領薪水度日的專業職員，我希望他能繼續留在公司。

專業職員持續工作幾十年之後，有時也會成為意氣消沈的人才。以往的公司企業，就是這樣埋沒掉不少才能卓越的人才，這不僅是公司的損失，也是整個日本社會的損失。

日本麥當勞的「員工經銷權制度」，為長期支領薪水度日的人才，開闢一條獨立的道路。

所以只會讓員工成為富翁，絕對不會讓人才凋零。

另外，麥當勞的專業職員正是能夠將自我能力發揮到極致的人才，我也希望這種人才能夠長期留在總公司服務。

55 不是具有外資的背景，而是具有外國技術背景

日本麥當勞是合營公司，但對於別人稱我們公司是合營公司這件事，我卻覺得很反感。大眾傳播媒體說日本麥當勞「具有外資背景」，別人對我這麼說，我也會覺得很反感。

日本麥當勞的資本是日本百分之五十，美國百分之五十，資本各半，絕對不是美國出得比較多。因此，別人說日本麥當勞「具有外資背景」，我就會非常生氣。

製作漢堡的技術確實是從美國引進來的，但是我希望大家不要用「具有外資背景」這個字眼，而應該用「具有外國技術背景」來稱呼日本麥當勞。

我們雖然是應用外國的技術、專業知識，但並不是仰賴外國資金來經營的公司。簡而言之，就是靠自己的錢來經營的公司。

56 不是合營公司，而是合金公司

有人稱日本麥當勞是「合營公司」，那是不瞭解「合營」這兩個字的意思。如果非得稱呼的話，希望大家能夠稱日本麥當勞為「合金公司」。

大家都明白，鐵會生鏽，不銹鋼不會生鏽。不銹鋼之所以不會生鏽，是因為不銹鋼是合金的緣故。

所謂合金，是金屬與金屬配合在一起製造出來的金屬。完成之後的合金，硬度遠比原有的金屬強，品質也較好。

日本麥當勞不是單單只有日本人的觀念而已，而是美國人與日本人好的觀念相互配合的企業。將美國與日本經營理念的各自優點結合在一起，就能產生出更強大的力量。

因此，我特別指出日本麥當勞不是合營，而是合金公司。

一般來說，日本國內的公司可分為日式經營和美式經營。

我將兩者的優點結合起來，我有自信地說，日本麥當勞實施的是全世界最現代化的經營模式。

有人認為日本人採行的是注重人情的家族企業式的經營，而美國人則是實行冷酷無情的個人主義式的經營，性質完全不同，根本無法結合起來。可是我卻成功地結合了這兩種性質完全不同的經營方式，使其融合在一起。

就這樣，我創造出可以挺起胸膛說「這是合金公司」的優異公司。

有制度、有效率加上不失東洋人情味的經營模式，就是東西方優點結合在一起的好公司。

57 麥當勞打的是總體戰

麥當勞在日本之所以會成功，不單只是漢堡美味可口而已。它不是讓客人僅僅因為漢堡好吃，就踏進麥當勞的大門。

日本麥當勞的經營採取類似總體戰的形式，例如，我們重視整個店內的環境，從廚房的設計到客人座位的擺設、路邊商店（drive-through）的結構，都經過一番深入的研究，所以才能夠成為「大家都喜歡來的場所」。由於我們打的是總體戰，因此需要廣告。因為我們搭配得很好，所以成功地打贏了這場戰。

因此我認為光是竊取、模倣麥當勞的部分技術訣竅，還是無法成功。或許竊取技術訣竅會比較省事，但不見得百分之百都可以做得很好。

58 RETAIL（零售業）就是DETAIL（細部）

英語的RETAIL，指的是零售業，而麥當勞也是RETAIL。

如果將因RETAIL的首字母R，改為D的話，就成為DETAIL。

DETAIL的意思是「細部」。

我認為零售業是「細部」的累積，因此零售業並不存在著一下子就可以將營業額提高十倍的方法。只有累積「細部」，並且巧妙地加以組合，才可能獲得成功。如果不做這方面的努力，就不可能成功。

麥當勞有兩萬五千種技術竅門，因這些技術竅門的組合，才能使公司賺錢。

例如，麥當勞的櫃檯高度固定為九十二公分，不是八十公分，也不是七十公分，而是毫釐不差的九十二公分。

為什麼櫃檯高度是九十二公分呢？因為根據科學方法的調查，瞭解人最容易從口袋掏錢出來的櫃檯高度是九十二公分。雖然有人個子高，有人個子矮，但九十二公分的櫃檯高度，卻是所有人都最容易從口袋掏錢出來的高度。

如果能夠製造出人最容易從口袋掏錢出來的櫃檯來做生意，絕對會賺錢。製造出人不容易從口袋掏錢出來的櫃檯來做生意，則應當是不會賺錢的。

櫃檯高度不過是技術竅門中的一種，這種「細部」的累積，就是零售業。

換言之，RETAIL就是DETAIL。

有些人不懂得這個道理，想要扔下一顆原子彈，一決勝負。也有些人千方百計地尋找一夕致富或一攫千金的方法。也有不少人認為從事零售業就可以賺大錢。

我覺得有這種想法的人，不如試著去買彩券或股票，讓自己變得一貧如洗看看。如果不變得一貧如洗，讓自己醒悟過來，就不會發現「零售業是細部累積」的道理。

59 最美味的是吸吮母乳的速度

麥當勞有一種獨特的飲料，叫做「奶昔」，我將其稱為「麥克昔」。

美國麥當勞稱為「奶昔」，如果在日本也稱為「奶昔」的話，發音可能會跟過去就有的「泡沫奶」相混淆。由於這是完全嶄新的飲料，所以我取了一個新的名稱，在日本就叫作「麥克昔」。

「奶昔」就是流動冰淇淋。

眾所周知，冰淇淋有一般的冰淇淋和霜淇淋，第三種冰淇淋就是流動冰淇淋，也稱為液體冰淇淋。

麥當勞用粗的吸管讓客人喝這種「麥克昔」。

然而，使用粗的吸管仍然很不容易喝，有些客人就乾脆把蓋子打開大口大口地喝。即使拚命地吸，由於沿著吸管而上的速度很慢，所以只能慢慢地流入口中。

為什麼要設計成用吸管吸「麥克昔」呢？為什麼只能讓奶昔以緩慢的速度流入口中呢？這是有科學上的理由的。

人在吸東西時，覺得最美味的速度就是吸母奶的速度。母奶的溫度和三十六度的體溫相同，味道不甜，以作為飲料來講，非常難喝。提到飲料，攝氏四度的冰冷可口可樂或四十度以上的熱茶，遠比母奶好喝。

三十六度微溫的飲料很難喝，那為什麼嬰兒會喝那種微溫又不甜的母奶呢？那是因為吸入口中時的速度，會讓嬰兒覺得很好喝。多半是上帝為了讓嬰兒覺得不美味的母奶好喝，而備有這種速度的裝置。

麥當勞將上帝設計出來的這種速度，借過來做生意。下次如果你來麥當勞，看看吸著奶昔的客人的表情你就可以曉得。因為客人在喝奶昔時，都會露出一副陶醉的表情。母奶的速度剎那間讓他們浮現出嬰兒時期的感覺。

在所有人都想到用味道來決勝負時，麥當勞卻用速度來決勝負，這種構想喚來了勝利。

為了產生母奶的速度，麥當勞吸管的直徑成為企業的祕密。不過，只要拿來量一量就曉得了。麥當勞就是為了讓客人以吸母奶的速度來吸奶昔，才會製造出那種大小的吸管。

當人們在以吸母奶的速度喝飲料時，似乎在剎那間就可以喚回過去的嬰兒時代。很多客人就喜歡回到嬰兒時代，在萬念皆空的狀態下喝著「奶昔」。

據說很多畫家喜歡畫人在喝奶昔的情景，那是因為人以吸母奶的速度，陶醉地喝著飲料的緣故。

在家母八十歲時，我帶她來麥當勞，問她：

「妳想吃些什麼？」

「我只想喝奶昔。」家母回答。

「為什麼？您不吃點別的？」我反覆地問道。

「因為我覺得奶昔的味道最棒。」

即使我活到八十歲，在我回憶嬰兒時吸母奶的感覺，也會覺得很快樂。

我也問過來店裡的客人，很多人都回答：「因為想喝奶昔才來麥當勞。」

「想喝奶昔」，其實就是「想吸奶」。

我在演講時，也曾經談到這件事：

「各位，今天晚上不妨回去吸吸實物看看？就算不吸，光是撫弄也會覺得很愉快。上帝製造的真正好喝的東西就在身邊，應該再喝一次看看。」

麥當勞一直使用包裝紙包漢堡，並且對員工施以QSC教育，亦即品質（Quality）、服務（Service）和清潔（Clean）。這是任何一家餐廳都未曾想到的事，以吸母奶的速度訴諸味覺的戰術，也是出人意表的構想。

在只考慮到以熱、辣、酸等味道來決勝負的行業中，重視吃入口中的速度，畢竟是王者的創意。

從這件事再進一步地思考，應該還可以想到把讓客人恢復嬰兒時代的感覺，活用在賺錢上的方法。聽說有些地方讓大男人穿著尿布玩耍，或許這也是讓客人懷念起尿布的感覺來做生意的手法。

60

「奶昔」成為暢銷商品的啟示

我曾經寫過到了二十一世紀時，應該會出現突然暢銷的商品，而且那只是將現有物稍微改變而成的商品。

「奶昔」也不過是將過去的霜淇淋稍微調製得軟一點，光是讓客人以吸母奶的速度來吸吮，就成為非常暢銷的商品。

我覺得「奶昔」是二十一世紀即將出現突然暢銷之商品的預兆。

將現存的物品稍微改變一下，就可以成為非常暢銷的商品，這類的物品存在於我們身邊，只要比別人早一點發現，就可以取得賺錢的保證。

61 畏懼神祇就賺不到錢

用吸母奶的速度讓客人吸食「奶昔」並非是我的想法，而是麥當勞技術研發部門的一種發現創意。

日本人不容易有這種創意，因為佛教、儒家思想成為障礙，使日本人不敢有向大自然挑戰的想法。只要不捨棄佛教、儒家的思想，就產生不出這種自由奔放的想法。今後的日本人必須學會將吸母奶的方式活用在商業上的構想。

從佛教、儒家的思想來看，將吸母奶的速度活用在做生意上，被視為是「不畏神佛，必會遭到天譴的想法」。

但是，今後如果畏懼向大自然挑戰，就會落伍。

畏懼神祇就賺不到錢。賺了錢之後，捐獻給神祇，不管是神或佛應該都會很高興吧！

62 不能讓客人等待超過三十二秒以上

麥當勞不會讓客人等待超過三十二秒以上。

根據科學的分析，人在面對對方說話，等待對方回答，而不會感到焦急的時間，以不超過三十二秒為限。如果讓對方等待超過三十二秒以上，對方就會開始焦躁。因此，在客人點餐之後的三十二秒內，就必須把客人點的食物全部遞給對方。這樣一來，客人就會心情愉快地再次上門購買。

假如店內擁擠，有時會讓客人等待超過三十二秒。但不擁擠時，麥當勞一定會迅速提供服務，絕對不會讓客人感到焦躁。

一般餐廳即使沒有什麼客人，也會讓客人等很久，有些餐廳還錯以為這是規矩。繁忙的現代人對這種餐廳會敬而遠之，那也是理所當然的事。

現代人可以愉快地等待幾秒鐘？關於這個問題，應該研究分析之後再來做生意。繁忙的現代人最怕等待。做生意時，讓最怕等待的現代人等待，自然賺不到錢。從這層意義上來講，讓客人一味等待的日式餐館難逃式微的宿命。

63 飲食嗜好正迅速地改變

有一次我遇到一位同齡的朋友，他向我抱怨：

「你開了麥當勞，讓我覺得很困擾。」

據他指出，假日時帶孫子上街，想要好好地請孫子吃飯時，問道：

「要不要去吃什麼好吃的東西啊？」

他的孫子一定會回答：

「那麼，我們就去麥當勞吧！」

我那位朋友原本想要去壽司店喝一杯，或前往百貨公司的大餐廳請孫子吃午餐，自己則叫生啤酒來喝，但孫子這麼一說，原本預定好的計劃就此被打亂。

「我們不要去麥當勞好不好？」朋友這麼說。

可是他的孫子卻堅持說：「如果不是麥當勞，我就不去。」

肩負著下一代責任的孩童們，已經改變了飲食習慣。

在這類的孩童中，遲早會一個接一個地出現掌握國際觀，很有出息的年輕人。

64 日本的年輕人富有個性

有各式各樣的客人來到麥當勞，其中有些客人讓我覺得最近的日本年輕人，實在很有個性。

他們不是悶不吭聲地購買，而是這麼指定：

「請給我一個不加肉的大漢堡。」

「請不要加生菜和芥茉。」

「我不需要番茄片。」

不加肉的大漢堡，其實就是麵包。如果只想吃麵包，不必特地來麥當勞。可是有些客人因為是和朋友一起來的，總得吃點東西，所以也就只好點了一個「不加肉的大漢堡」。

客人點餐時如果特別交待不加肉，我們也會給他不加肉的漢堡。可是，怎麼會有人點不加肉的漢堡，實在讓我無法想像。

日本的年輕人可以說就是這麼有個性。我希望能夠重視客人點不加肉漢堡的想法，因為這是過去的日本人未曾有過的表現。不過，麥當勞的麵包發酵的氣泡固定是直徑五公釐，氣泡那麼大的麵包最好吃。

麥當勞的麵包厚度固定為十七公釐，因為那是最美味可口的厚度。肉餅的重量是四十五公克，放在攝氏Y度的鐵板上烤。就這樣，製造出漢堡。

65 從味噌、醬油轉為番茄醬

附帶一提，日本人都是以自然的方式食用大自然的產物。米飯是用大自然的米煮成，生魚片也是在生鮮的狀態下食用。曬乾的竹莢魚可能是加工食品，但仍維持著魚的形狀。

然而，麥當勞的漢堡是不停留在原來形狀的加工品，麵包是用小麥粉製成，即使是牛肉，也不具有肉原本應有的形狀。

如果是以前的日本人，就不會吃這種加工食品。因此，日本的餐飲業者看到漢堡如此暢銷，自然是驚訝得說不出話來。

對於屬於加工食品的漢堡，要如何加工才能以最美味的狀態提供給客人食用呢？麥當勞經由科學的分析研究，抓住了日本人的味覺。

另一方面，日本的部分餐飲業者具有強烈先入為主的觀念，認為日本人的舌頭只適合品嚐味噌和醬油。

然而，麥當勞漢堡的調味品卻是番茄醬和芥茉。

這種調味品竟然會被日本人所接受，並且造成漢堡的暢銷，給認為非以味噌和醬油作為調味品就賣不出去的人帶來極大的衝擊。覺得不是味噌和醬油就不適合日本人的想法，完全是胡亂猜疑。

66 讓員工會說外語

日本麥當勞對美國反登陸作戰，是在聖克拉拉開店。

以二十世紀八〇年代而言——

美國的資訊日新月異，並快速地發展。如果要等信件將資訊寄來的話，就會跟不上美國的腳步。

因此，最好是在美國開店，以便在自己的店裡研究目前美國所進行的廣告宣傳方法，以及新商品的實驗等。為了達到此目的，我斷然地實行對美國的反登陸。

另外，我的目標還擺在培養具有國際觀的公司職員上。

每隔兩年，我會派遣員工前往聖克拉拉研習，已經有十多人在那裡結束研習課程。現在仍派駐四名職員在聖克拉拉店。

美國是個有趣的國家，積極地為外國人免費實施英語教育。

美國政府出資成立成年人學校，以越南等來自各國的中南亞難民為對象，實施英語教育。

我們公司也大為活用這種英語教育，讓派遣至聖克拉拉的職員在那裡學英語。我把員工放在美國兩年，讓他們學得一口流利的英語後才回國。

經常有外國客人前來麥當勞，因此會說英語的員工越多越好。可是在日本，並沒有閒暇讓員工接受英語教育。

然而，我每兩年就會派遣員工前往聖克拉拉，讓他們學會流利的英語再回來。所以在英語教育方面，獲得不錯的成果，遠比在日本付了巨額的費用上補習班來得有效果。

當然，有很多員工都希望能前往聖克拉拉店。

我規定前往聖克拉拉店研習，一定要夫妻同行才可以。希望被派遣至美國的單身員工，則等結了婚之後再說。

與其一個人，不如夫妻一起學英語來得有效果。如果夫妻一起前往美國，太太也可以學習英語。如此一來，夫妻回國之後就能用英語交談，常常講就不會忘記。假如只有丈夫會講英語，而太太在日本停留在原地，那也實在是不像話。

繼聖克拉拉之後，我計劃在加拿大的多倫多開店。

利用在職期間，就能學好外語，是個很棒的構想。

我最後的目標是希望將來能夠在全世界各地開設分店。

若是在全世界各地開分店，把員工派遣至各國，那麼就可以培養出能說法語、德語、西班牙語等世界各國語言的職員。

這樣一來，即可建立「縱使來自世界各地的客人上門，也能絲毫不畏懼」的企業，我希望能夠達到這個目標。

67 讓員工看看世界

雖然我極力主張「做生意一定要採用外國人的觀念，日本式的觀念已經落伍了」，可是卻很難去說服別人。

如果在外國開店，就可以讓員工前往國外，看看外國的情況。

員工在日本麥當勞連續工作五年之後，我會讓他們去國外的麥當勞考察。這是一種「只要是該國有麥當勞，想去哪一國就可以去哪一國」的考察制度。

我找各種理由將員工丟到國外，讓他們去見識和體驗外國的種種一切。

總之，與其費盡唇舌，嘮嘮叨叨地說一大堆，不如讓他們實際去外國看一看。自己前往外國嚐到一些苦頭，體驗我說過的話，才會瞭解我苦口婆心的用意。這樣，員工們也才能形成國際觀。員工形成國際觀之後，自然能夠提高公司的戰力，而成為公司的利益回績給公司。

每年選出五、六名成績優異的店長，派往聖克拉拉店研習兩個禮拜。截至今年三月為止，利用這種研習和考察制度前往國外的員工，已經超過六百名了。

68 我的員工是漢堡大學的畢業生

麥當勞在公司內擁有一所漢堡大學，取首字母，稱為「ＨＵ」。目前，日本的漢堡大學有四位教授，每次上課的學生人數大約是三十人，講授的課程是經營店鋪的竅門。

日本人嘴巴雖然說不需要學歷，但會在心裡想：「這傢伙是東大畢業，那傢伙是早稻田畢業，那人是慶應畢業……」其實，對於學歷還是耿耿於懷。

因此，麥當勞在公司內部成立漢堡大學，員工的最終學歷是需要漢堡大學畢業的漢堡學士。公司要的是漢堡學士，其他的學歷一概抹去。

漢堡學士在麥當勞中是真正的學歷，其他的都不是問題。在這種方式之下，排除一切學歷。取而代之的是，確實地授予員工在公司中所需要的知識。

漢堡大學講授的是，合理而必要的知識，但不實施「不屈不撓的精神」或「鞠躬盡瘁，死而後已」這類的精神教育。所有員工的學歷都是漢堡學士，因此大家都是漢堡專家。

此外，我也為員工開設了在美國漢堡大學研習三個禮拜的制度。銷售漢堡所需要的學歷只有一個，那就是漢堡大學畢業生的學歷。其他的公司也各自實施自己公司真正需要的教育，因此各企業不妨開設特有的大學，努力地培養專家。這樣，無益的「考場煉獄」應當也會消失。

在大學課堂上，把一些無益於畢業後進入社會工作的知識硬塞入腦袋裡，稱之為「學歷」。重視這樣的學歷，實在是沒什麼意義。

69 使兼職人員成為一大戰力

麥當勞將兼職人員當作公司的戰力使用。

如果只雇用專職人員，企業的經營將會變得非常困難。若執著於「非雇用從早上九點工作至晚上六點的人員不可」的觀念，在今後的時代中，將無法使你賺到錢。今後是兼職人員的時代。

如何將兼職人員當作公司的戰力使用，成為企業發展的重點。

「一天無法持續工作八個小時，但三小時則沒問題」的人，有日漸增加的趨勢。假如可以雇用這些人，並且加以巧妙地配合，則公司連續營業十小時，乃至十二小時都有可能。

麥當勞店內只有三名職員，而且因為輪班的關係，平常營業時，店內只有一名職員。然而，我們每家店雇用了一百名至一百五十名的兼職人員。一名店長要有效地使用這麼多的兼職人員。

兼職人員可以立即成為公司的戰力，關於這一點，我在後面會有進一步地敘述。我們讓兼職人員觀看長約二十分鐘的錄影帶，立即將其成為公司的戰力。

沒有兼職人員會一做就做好幾年，優秀的人員會被薪資高的公司拉攏過去，所以我們是一個接一個地更換兼職人員。儘管如此，麥當勞還是能夠做得很好。

店內有幾項工作由兼職人員來做就可以勝任，這些工作不需要讓專職人員來做。使用兼職人員時，最重要的一點就是只在規定的時間內使用。規定的時間外，絕對不能使用。

針對「擁有常識」這一點來講，兼職人員以雇用家庭主婦為宜，可以省掉從頭教起的勞力和時間。

在櫃檯旁善於進行「建議銷售」的員工、應對得體的員工、很會炸薯條的員工等，由裁判決定位次，在全國大會中加以表揚。由於人都有想成為第一的念頭，所以就會很努力地工作。如此一來，就連兼職人員也絕不會馬馬虎虎地工作。

許多經營者認為，雇用兼職人員無法使公司的業務順利進展。也有人深信由於雇用了兼職人員，營業額才不能提高。

但實際上，即使是兼職人員也可以充分地成為公司的戰力。毋寧說，雇用專職人員想要提高營業額反而更為困難。

經營者必須改變「兼職人員不管用」的想法才行。

第6章

你也能有這樣的創意

70 雖然日本的產品受到好評，但日本人卻無法受到讚美

由於工作的關係，我常常在世界各處奔走。不管前往哪裡，都會聽到日本的產品被外國人一致的好評：

「日本製的汽車性能真是不錯。」

「電視以日本製的畫質最佳。」

當外國人讚美日本的產品時，我不禁得意洋洋起來。

然而悲哀的是，雖然日本的產品處處受到好評，但我卻一次也沒有聽過外國人讚美日本人。

很遺憾，我從來沒有見到外國人這樣讚美日本人：

「那位日本人真是了不起。談到音樂，連專家都要退避三舍。他的藝術造詣也很高，談到詩時，他的感受性出類拔萃。此外，還擁有一顆溫暖和善的心。而且在做生意時，頭腦清晰，絕不受到人情的束縛而因小失大。」

比較起來，很多猶太人都是博學的生意人，在與他們談音樂時，對方可以一談就是好幾個小時。不管是藝術或文學，都有辦法和你談。他們在下班之後，會邀請你去他家享受豐盛的晚餐，飲酒暢談。在這種情況之下，你或許會感到心安地覺得「這下子妥當了。明天和對方談生意，八成沒有問題！」

但是，翌日你前往對方的辦公室之後，才發現對方開出的條件仍然是那麼嚴苛。猶太人就是這樣，只要是談生意，一步也不會退讓。

到處都有這種生意人，猶太人也的確能夠做到公私分明的程度。

由於日本人公私混為一談，想法過於天真，同時懷有非分的期待，所以在做生意上常被猶太人整得很慘。

要是日本人能夠博學、公私分明，就可以像日製產品受到好評一樣，備受讚美。這樣一來，賺錢的方式也會有所不同。

71 要明確地說出Yes、No

近幾年來，日美的貿易摩擦成為嚴重的問題。

我前往美國時，會閱讀美國報紙上刊載的有關日本政府的主張，而回到日本之後，也會閱讀日本報紙上刊載的有關日本政府的主張。

一看之下，發現美國報紙和日本報紙所報導的有關日本政府的主張，竟然是一百八十度的不同，令我大感驚訝。為什麼兩國的報導內容會差那麼多呢？因為日本政府的措詞曖昧，造成美國方面的解讀完全相反。

儘管美國方面明言沒有談判的空間，但日本方面卻認為只要堅持下去，事情就會有轉寰的餘地。

關於農產品的自由化，美國無視於日本農業的現況，片面地要求日本開放門戶固然不對，但我覺得日本方面的說明也不夠高明。不可以就不可以，應該明確地說出來。拿曖混日本人的說法對美國人說：「我們將採取階段性的開放。」因此才會遭到美國人的誤解。

當日本人說：「我們就積極地來進行吧！」時，就是表示什麼都不做的意思。

有一次，我派一位東京的職員前往大阪談一樁生意。

幾天之後，他回到公司。

「生意談得怎麼樣？」我問道。

「非常順利。」那位職員得意洋洋地回答。

我原本預估這樁生意難以進展，沒想到那位職員這趟回來，表情竟然是那麼地開朗。我覺得情況應該不會那麼順利才對，於是就問職員對方怎麼說。

「對方說，他會好好考慮。」職員回答。

我是大阪人，知道這種情況，大阪人說「我會好好考慮」意思就是「不」！

對方不說：「你快給我滾回東京去！」卻說：「我會好好考慮。」其實意思是一樣的。這次的談判完全沒有進展。東京的職員錯以為對方真的會考慮雙方的交易，而認為這是好消息，喜孜孜地回來。

即使是與外國人做生意，日本人也經常採用這種說法。因此，除了發生語言上的糾紛之外，商業談判始終無法有進一步的發展。

要就說要，不要就說不要，應該明確地說Yes或No！

72 學會幽默和說笑話

日本人沒有幽默感。

由於工作的關係，我經常舉行由美籍和日籍職員參加的會議。

此時，日籍職員都不太發言，有時從開始到結束，一句話都沒說。

這麼一來，美國人就會嘲笑我：

「除了你之外，其他的日本人都是沈默的猴子。」

「你說日本人是沈默的猴子，那是很不禮貌的事哦！」我忿忿地說道。

「對不起，我的意思是說日本人是坐佛。」

這句話的意思就是指「一動也不動地坐著的木頭人」。

被對方這麼說，我除了苦笑地表示對方言之有理之外，別無其他辦法。

日本人沒有這種幽默感，欠缺幽默感是因為內心不能優閒自適所致。

其次，日本人沒有幽默感，也是受到佛教的影響，這一點絕對不能忽略。

從一千三百年前佛教傳入日本之後，上自統治階層，下至一般庶民，都受到佛教的巨大影響。佛教對日本的發展也有很大的貢獻。

可是由於這個緣故，日本人全都成為佛教徒，形成基督教徒和猶太人前來日本時，不能妥善因應的民族，這也是不能否認的事實。

今後的日本人必須聽得懂外國人說的笑話，掌握國際觀才行，否則就無法在國際商業戰爭中倖存下來。

73 就連「竹筍」都可以用在商業談判上

在與猶太人交往時，時常讓我捧腹大笑。

有一次，我們談到竹筍，猶太人不曉得什麼是竹筍。當我說竹筍可以吃時，猶太人彷彿是聽到天大的怪事，驚訝得瞪大眼睛。

我對猶太人說道：

「有一次我朋友來找我聊天，在談話當中，我身後的竹筍突然冒出頭來。談了幾小時之後，回頭一看，剛剛才冒出頭的竹筍已經長高一公分了。」

「別瞎扯了！哪會有這種事？」

「你不相信嗎？好！四月二十九日是天皇華誕，那一天我們休假，你來東京找我，我讓你看看竹筍生長的情形。」

「好！我就去看看！」

今年的四月二十八日，那位猶太人發了一通國際電報給我。

電報的內容是這樣：

「很遺憾，四月二十九日我無法前去看竹筍，你就幫我想想辦法讓竹筍停止生長，下次有空我再去看。」

就算我有通天的本領，也無法叫長得正茂盛的竹筍停止生長。

於是，我回他的電報上寫著：

「我沒有那麼大的本事讓竹筍停止生長。」

對方立即再次發國際電報給我：

「那麼，明年四月二十九日我再去看竹筍。」

在你來我往的幽默通電之中，我們的友誼日漸加深。

只要對方有幽默感，就連竹筍都可以用在商業談判上。

74 如果執著於日式飯菜，在商場上就不能獲勝

日本人最大的弱點就在於飲食習慣，也就是說，非日式飯菜不吃，吃不慣其他的餐飲。我和著名的財經界人士等人一起去美國談生意，到了黃昏時，約好一道去吃飯。

他說：「咱們上日本料理店吧！」

「今晚去吃牛排，怎麼樣？」我說。

對方一聽，連忙搖頭說道：

「不！藤田先生。午餐時我們已經吃過牛排了，所以晚餐我們想吃日本料理，炸蝦、生魚片或壽司都可以。」

「來到紐約還吃那種東西？紐約的炸蝦、生魚片和壽司又貴又難吃。」

但財經界的人士們堅持非吃日本料理不可，不論我怎麼說，他們都不退讓：

「貴一點也沒有關係，反正我有的是錢。」

由於他們很少到國外出差，所以身上帶了不少錢。

沒辦法，我只好和他一起去吃日本料理。一進入餐館，那群財經界人士就要了大酒杯，大口大口地喝起來酒來，這是他們在日本時絕對不會有的行為。到頭來，他們竟大聲地唱起低級的艷歌（大正末期一種街頭賣藝的歌曲），惹得在餐館內用餐的外國客人紛紛露出「受不了」的表情。

每次我看到這些財經界人士，我就覺得去美國如果吃美國人所吃的食物，時間和金錢都可以省下來，節省下來的時間可以早一點把工作完成。

在美國，到處都有牛排館和漢堡店，連找都不需要找。

然而，如果想在異國吃日本料理，首先就必須去找日本料理店，而且還需要事先預約。這樣一來，就會浪費很多時間。另外，與我同行的人，有的還堅持非吃鮭魚茶泡飯或拉麵，就像小孩子一樣，實在非常磨人。

他們即使人在外國，也想吃平常在日本吃的食物。

如此看來，如果讓日本人從小就吃慣漢堡，長大成人之後到美國談生意時，就不會愚蠢地只想吃鮭魚茶泡飯或拉麵了。

而且從小吃慣漢堡的日本人還會說：

「因為工作忙，吃漢堡就好了！咱們先來談談生意上的事吧！」

這種日本人才能算是具有國際視野的生意人，也才能與外國人交鋒。如果執著於鮭魚茶泡飯或拉麵，就無法在商場上過關斬將，取得勝利。

從身體能量的補充來講，鮭魚茶泡飯或拉麵沒有什麼營養，不過是通過喉嚨的剎那間感覺到日本的味道，讓心情覺得舒暢而已。僅僅就因為這個優點而吃日式飲食，根本沒有什麼意義。

前往外國時，非日本菜不吃，日本人因為這樣所造成的損失不曉得有多大？日本人今後必須先改變飲食習慣才行。日本人都可以改變生活習慣，變成睡在床上、穿著西裝和坐在椅子上，為什麼唯獨飲食習慣不能改？我率先讓日本人吃漢堡，目前正從事國際化的工作。

前幾天我打開電視，看到主播正在訪問從美國返回的童子軍，詢問他們對美國的觀感。當時有一位童子軍回答：「連美國都有麥當勞，讓我嚇一跳！」

看了之後，我覺得很高興，讓日本人吃漢堡，帶動日本人國際化的工作已經逐步地獲得成果。

75 準備進行生活環境的革命

據說一九九〇年，亦即七年後，坐在家裡就可以觀賞全世界的電視。全世界有六千家電視台，可以自由觀看這些電視節目的時代即將來臨。

在那個時代，在東京可以收看到大阪、北海道和沖繩的電視台所播放的節目，就連德國和美國的電視台也可以自由地選台。到了那個時候，當然就不能說「色情片禁止播出」了。

那種震撼生活基礎的生活環境革命，正發出震耳欲聾的腳步聲逐漸接近。

對於這種變革已經悄悄來到面前，猶渾然不知，且非茶泡飯不吃的人，可以說是非常的悲哀。

我希望讓日本人吃更多的漢堡，成為能夠經得起重大變革之衝擊的人。

76 我不能免費地教育別人的孩子

在這些讀者當中，有很多人向我提出這樣的要求：「能不能讓我那個混蛋兒子在你公司上班，不給薪水也沒有關係，我希望你能夠教育教育他。」

由於我工作繁忙，無法一一回信，但只要時間允許，我一定會接見要求與我見面的讀者。當然，因為我挪不出時間，請讀者回去的情況比較多。

但來見我的讀者如果要求我教育他家的小孩，我一定會不客氣地說——

「你說我可以不付薪水來教育令公子，這句話是什麼意思？

「恕我直言！你兒子的資質大概不是很好吧？簡單來講，就是類似毒蛇猛獸那樣的人，所以你才要我調教他，對不對？如果你說一個月要付我幾百萬日圓來教育你的兒子，我就聽得懂你在說什麼。哪有說叫我不付薪水來教育你兒子？

「你說我可以不付薪水，意思是不是說你的兒子確實有兩把刷子？得到好處的不是我，而是令公子耶！我教育他，我一點好處都沒有。你要我不必付薪水，這種想法大錯特錯。」

77 試著製作純金的名片看看

經常有人拿著一張名片到我的公司來要求與我見面。我認為用一張名片就強要繁忙的生意人與他見面，那是一件非常不禮貌的事。

我做的是一天必須銷售三億日圓的生意，我一天工作十小時。換算起來，一個小時必須做銷售三千萬日圓的生意。我覺得用一張名片就想要偷竊我那麼寶貴的時間，實在是非常不禮貌的行為。如果是拿著上面刻著姓名的金卡過來，那就另當別論。可是拿著一張十日圓的名片就要求與我見面，那也實在是不像話了。

若是想見非見不可的人時，就製作純金的名片。我希望讀者的格局要大一點，同時也要有高超的想法。

如果遞出純金的名片要求對方與自己見面，應該不會有人不答應。

78 可以一點一點地修正

與人見面，和對方談個十五分鐘或二十分鐘，有時對方會給自己小小的建議，要自己在某個地方做個修正。

然而，光是小小的建議，經常就會使情況好轉起來。只要稍微修正一下方向，原本進展不順利的事，都可以有很好的進展。

船航行於海上時，有時前方會有暗礁，筆直前進就會撞到暗礁而失事。如果稍微改變方向，就可以避開礁岩。不管從事什麼樣的工作，都不必從根本改變起。

一下子發大財的情況並不多見，但只要稍微改變方向，即使在原本不會賺錢的地方也會賺錢。

79 對事物的看法並非只有一種

任何一個日本人都相信，日本國旗象徵旭日東昇的太陽。

有一次，我與猶太人談到日本國旗的話題。

我說：「那是正在上升的太陽。」

「咦？你剛剛說什麼？」猶太人問道。

「我說日本國旗上的太陽是正在上升的太陽。」

「哈！那是正在上升的太陽嗎？不！我認為那是正在西下的太陽。」猶太人露出訝異的表情說道。

光是一個日本國旗的解釋，就有上升的太陽和落日的看法。竟然有這樣的看法，這次換我大吃一驚。

可是，一百個人有一百種看法，這是理所當然的事。如果做生意只從一個觀點來看，實在很難把握可以獲得成功。

80 五分鐘後可以消費掉的優點

餐飲業的優點在於煮好的食物五分鐘之後，就可以確實地消費掉。比起賣掉一個之後，客人過了十年仍舊不會再來購買的擺設品；或賣掉一個之後，客人過了一年依然不會再來購買的皮包；或是賣掉一條之後，客人過了一年仍然不會再來購買的領帶來講，五分鐘後即可吃完的商品，優點大太多了。

漢堡等商品有時一分鐘後就可以吃完，沒有比這種商品更快消耗掉的了。很快就會消耗掉的商品，就可以讓你賺大錢。

81 井伊直弼已經想到一百年後的情況

日本幕末時期，有一位大老名叫井伊直弼。在日本全國傾向攘夷論的高潮中，他未獲得屬於攘夷論者的天皇所批准，就簽署了門戶開放條約，因而激怒了水戶流浪的武士，在櫻田門外遭到暗殺，

我認為日本人應該感謝井伊直弼才對。

井伊直弼當時已經看透了一百年後的情況。他判斷：「如果現在不開放門戶，就會如同中國在鴉片戰爭中慘敗一樣，日本將會被歐美先進國家擊垮。為了避免這種局面發生，唯有開放門戶一途。」於是，井伊直弼在未獲得天皇的批准之下，就簽定了解除閉關自守政策的條約。

如果未獲得天皇的許可就簽下這種條約，可以預想到將會受到因尊王攘夷而聚集在一起的血氣方剛之年輕人所仇視，還會被他們叫作賣國賊，甚至有遭到殺害的危險。但儘管如此，井伊直弼還是朝向自己所深信的道路前進。

當今的政治家，有誰能夠像井伊直弼那樣有氣魄和膽量？

政治家和商人有必要知道，日本還有一位了不起的前輩，他雖然遭到百分之九十的國民所反對，但考慮到一百年後的日本而堅持自己的主張，以致為人所暗殺。

我居住的世田谷有一座叫作豪德寺的寺院，這裡有井伊直弼的墳墓。然而，並沒有人願意來參拜他的墳墓。

由於他不等天皇的批准就簽定了門戶開放條約，而為明治、大正和昭和三代的國民所唾棄。可是，日本國民的想法其實是不對的。

明治以後，薩摩和長州的藩士（諸侯的家臣）前往國外，將西歐文化和文明帶回日本，他們被尊稱為「文明開化之祖」。但是，其根底卻建立在井伊直弼犧牲性命所簽定的門戶開放的條約上。

當時要是井伊直弼沒有簽署那個條約，日本的文明開化就要延後，英法聯軍可能會從橫濱登陸，佔領日本，而成為歐美先進國家的殖民地。

今天在日本，公司的男性職員穿西裝，打領帶，女性職員全部穿套裝，大多數的人也都居住在西式房間的住宅內。

電視連續劇上播放著日本人圍在矮腳飯桌旁用餐的情景，但一邊看著連續劇，一邊用餐的日本人用的卻是西式餐桌。

看著連續劇中從壁櫥拿出棉被，鋪在榻榻米上準備睡覺之情景的日本人，卻是躺在西式床鋪上。應該有很多公司的職員只有在公司慰勞員工前往溫泉地旅行時，才會睡在榻榻米上。如今日本人的生活就是那麼洋化。

為什麼日本人的生活會洋化呢？因為現代人太過於忙碌，時間越來越不夠用。由於需要簡化生活，節約時間，所以日本人就往洋化的方向發展。這些都可以說是井伊直弼簽了那個條約所帶來的好處。

今天，行政改革成為政治上的重大問題，但只要政治家豁出性命去幹，沒有做不了的事，希望政治家們能把自己當作井伊直弼來從事行政改革。

記得在十二年前，我提出要兩千年來一直吃米飯和魚肉的日本人改吃由麵包和肉製成的漢堡時，國人都視我為傻瓜。全部的指責都集中在我身上，那種情形宛如井伊直弼受到當時日本人所指責那樣。

十二年前的日本人認為我是「實行門戶開放之類的大混蛋」，狠狠地猛批我一番。然而當時指責我的人，如今也都津津有味地啃著漢堡。

做生意不能抱持著「攘夷論」的想法，必須擁有像井伊直弼那樣的眼光，擁有「開放門戶」的觀念才行。做生意時若能具有井伊直弼的觀念，以長遠的眼光來看，一定會成功。

82 不要將戰略與戰術混為一談

很多日本商人都不曉得什麼是戰略，不僅是戰略，就連戰術是什麼也不知道。他們無法區別戰略與戰術，而將兩者混為一談。

以日本麥當勞的情況來講，所謂「戰略」，就是將一九八四年全年的營業額訂為一千億日圓。這種戰略必須由公司負責人來制定，而且戰略必須簡單明瞭。為什麼需要這麼做呢？因為需要讓全體員工來貫徹執行。

有不少公司負責人喜歡制定複雜、奇怪、讓人看不懂的戰略，而沾沾自喜、洋洋得意。可是，制定全體員工看不懂的戰略，一點意義也沒有。

公司負責人在擬定戰略之後，在下一個階段中就必須研擬戰術。

何謂「戰術」？就是在實際情況中可以達成戰略的具體方法。

在公司負責人提出「一九八四年必須達成年營業額一千億日圓的目標」之後，負責展開作戰行動的人員就要開始進行統籌工作。人事部門必須決定在年營業額一千億日圓的目標之下，需要採用幾名職員？會計部門必須計算在營業額一千億日圓的目標之下，需要增加幾家分店和多少資金？

根據公司的現況所做的計算，就是「戰術」。

要做賺錢的生意，不可欠缺這種戰術和戰略。然而，有許多企業不管戰術或戰略，都極為雜亂無章。戰術和戰略混為一談，而且雜亂無章的話，公司不賺錢也是理所當然的事。

公司負責人制定簡單明瞭的戰略，由全體員工貫徹執行。員工接獲上級頒佈的戰略之後，在各個工作的階段中研擬戰術，而且必須按照這種方式，做可以賺錢的生意。

在人生的過程中，要是沒有擬定計劃，也一樣沒有獲得成功的希望。即使有計劃，但經常無法順利地按照計劃行事，這就是所謂的人生。但儘管如此，如果連計劃都沒有，會走向人生失敗者之路也是不言而喻的事。

同樣的道理，即使制定了戰略，研擬了戰術，但經常無法順利地按照戰略和戰術去進行，這就是所謂的做生意。但儘管如此，沒有戰略和戰術，卻整天都在想要怎樣才能賺錢，根本毫無意義。而且有非常多的人正在做毫無意義的生意。

83 不妨將信號燈改為○△×的方式＝銷售汽車的方法

麥當勞將完全嶄新的食物引進日本，創造了新的需求。若能挖掘出新的需求，就可以賺大錢。

舉個例子來看看——

汽車業界正展開激烈的銷售競爭。豐田、日產、馬自達、三菱等汽車公司的業務員拚命地賣車，即使一輛也不嫌少，而掀起了一場銷售戰爭。

另一方面，根據統計資料顯示，現在日本的「紅綠色盲」，也就是無法區別紅色和綠色的色盲男性，佔全部人口的百分之三。這百分之三的男性因為無法辨識信號燈的顏色，而無法取得駕照。

只要沒有色盲，這百分之三的男性就會購買汽車。然而，全世界信號燈的顏色統一為紅黃綠，所以他們無法購買汽車。

我認為用紅黃綠的顏色讓人來辨識信號燈，真的非常奇怪，分明是在歧視色盲的人。

只要將信號燈從顏色改成形狀，有色盲的人即可獲救。

我覺得綠燈可以維持現在的圓形，紅燈可以改成在圓形中加入「×」的符號，黃燈則改為三角形。

只要按照這種方式將信號燈從顏色改成形狀，購買汽車的人就會增加，人數將可達到日本總人口的百分之三。

換言之，這樣就可以創造新的需求。

或許有人認為，頂多才增加百分之三而已，數量並不多。但在日本一億兩千萬的人口中，有一半是男性，其中的百分之三就是一百八十萬人。讓一百八十萬名男性取得駕照，他們就會想以車代步。如此一來，汽車的銷路就會迅速增加。

我覺得實在是很不可思議，為什麼日本的汽車廠商不團結一致，掀起將信號燈從紅黃綠改為○△×的運動？為什麼他們沒有想到不用顏色而用形狀來識別信號的方法呢？這不禁讓我懷疑汽車廠商是不是真的有賺錢的企圖心？

84 電話的鈴聲也可以作為廣告使用

有電話打進來時，為什麼要使用鈴響聲？在拿起電話之前繼續發出鈴響聲，實在浪費。其實可以用播放廣告的方式來代替鈴響聲。

例如「鈴——鈴」可以換成「○○電視台——○○電視台——」、「○○報紙——○○報紙——」或「麥當勞漢堡——麥當勞漢堡——」。

廣告詞可以每個禮拜或每天更換。

因為是廣告詞，所以可以向○○電視台或○○報紙收取廣告費。收取廣告費就能夠賺錢。我覺得「鈴——鈴——」的電話響聲聽起來挺無聊的。

全國的電話如果從早到晚都用「麥當勞漢堡——麥當勞漢堡——」來代替鈴響聲，那麼將會有莫大的宣傳效果。認為電話應該是「鈴——鈴——」的聲音，做生意不會賺錢也是理所當然的事。

如果能夠再次環顧四周，從相反的方向思考或採取完全不同的方法，那麼應該到處都可以發現賺錢的靈感。

85 以二十分鐘的時間來教育員工

對經營事業來講，人才的開發成為今後重要的課題。

與畫家畫畫、相聲演員說相聲、歌手唱歌的情況不同，個人單打獨鬥開店做生意鐵定不行，做生意需要許多人分工合作。

因此，從業人員能否立即成為戰力，將是一大重點。若是能夠早一點提高從業人員的戰力，就可以提早賺大錢。

我曾與公司的經營者談到員工教育的問題，有人說：「我們公司花五年的時間來訓練員工。」也有人再加碼說：「要將職員培育到獨當一面的程度，最少也需要十年的時間。」

憑這一點，在繁忙的商業戰爭中就無法倖存下來。

據說百貨公司的和服布料賣場很重視經驗，因此該賣場有位以高營業額而著名的賣場主任、百貨公司也認為他的銷售成績不錯，只要將和服布料交給他去賣就可以放心了。

在布料賣場上有特殊的應對法和說詞，可以讓前來看布料的顧客們，紛紛掏腰包買下來。

然而，百貨公司方面卻不願針對賣場主任銷售和服布料的方法，進行進一步的科學分析。

如果進行科學的分析，就可以瞭解和服布料的最佳銷售方法，如果將此方法拿來教導新人，馬上可以提高新人的戰力。

將銷售方法進行科學上的分析，找出最佳的方法製成錄影帶來教育新人，對立即提高從業人員的戰力會有很大的幫助。

使用錄影帶的優點比現場指導的優點多，即使是相同的內容，人每天所教導的方式也都會不一樣。

即使內容相同，假如指導人員和太太吵過架之後才上班、加薪是多是少、有沒有下雨，都會影響到教學的情緒。

然而，錄成錄影帶的內容今天播放和明天播放的情形都一樣，而且正確。

雖說如此，如果讓員工觀看錄影帶？一看就是一、兩個小時，員工也會開始打呵欠，而無法記住錄影帶的教學內容。那麼，就發揮不了應有的效果。

人能夠忍耐坐著一動也不動的限度為二十分鐘。因此，使從業人員立即發揮戰力的錄影帶，也需要整理成二十分鐘的內容。花了好幾年才研究出來的做生意之精髓，必須整理成二十分鐘以內的內容才行。

假如內容稍多，無法濃縮成二十分鐘，也可以製作成上、下集各二十分鐘的錄影帶。整理成二十分鐘的錄影帶，可以按照需要，反覆地播放給員工觀看。如此一來，就能夠充分地獲得立即讓員工發揮戰力的效果。

前面也已經提到過，麥當勞大約製作了三十捲這類的錄影帶讓兼職人員觀看，實施立即可以發揮戰力的教育。

86 關於工作上的效率

美國的實業家其實經常休假，即使是猶太人也是一樣。

我曾經因為這件事向猶太人發牢騷：

「你們假休得太多了，一年到頭都在休假！每次打電話去你公司，都說你休一個禮拜的假。你究竟有沒有在工作？」

「我去你們日本人的公司找人，一定可以見到那個人。你們每天都不休假地上班，可是人在公司裡卻什麼事都不做，這算哪門子的上班啊？」猶太人反擊地回答：「我們人雖然不在公司，卻仍舊在工作。」

從某方面來講，猶太人說的也是事實。他們人雖處於休假狀態，可對工作仍能牢牢掌握，一點也不會脫節。

自從日本人穿西裝、西裝褲開始工作之後，工作態度比穿著和服的短外罩和裙子時來得積極了。

可是實際的工作情況與穿著和服的短外罩和裙子的時代，並沒有多大的不同，依然是工作緩慢，毫無效率可言。

然而，猶太人連內心深處都是穿著西裝，在工作上不會做徒勞無益的事。不過，即使日本公司在經營上堅持效率，也有些地方不盡理想。

在美國的公司中，董事長稱為chairman，總經理稱為president，副總經理稱為vicepresident，承擔責任的人就只有這些而已，並沒有各部門的經理、課長、代理課長、股長、調查主任或主任等職務。

副總經理以下的職員沒有頭銜。

然而，日本人喜歡論資排輩，如果沒有加上詳細的頭銜，心裡就覺得不舒坦。若要節省浪費，實行合理化的經營，就必須清除股長、主任或課長等頭銜。

在日本，提到董事長，大多是從第一線退下來的前任總經理，屬於名譽上的職稱。而在美國，提到董事長，則是指最高負責人，全權處理公司的工作，相當於日本公司的總經理。

而且美國公司的資本與經營是分開的。所以資本家就是資本家，經營者就是經營者。公司由股東以外的人來經營，業績不佳時，董事長就會被解雇。反過來說，工作能力卓越的董事長還會被其他公司挖角。

美國的公司董監事大多是公司以外的人士，儘管公司外的人來參加董監事會議，但掌握全權的則是董事長。

雖然同樣稱為股份有限公司，但日本與美國的性質卻截然不同。因此，即使是休假，日本與美國的標準也不一樣。

日本的資本主義仍處於幼兒期，而美國的資本主義已經達到鼎盛時期。當日本的資本主義進入成熟期時，像美國目前這樣的公司將會越來越多。

87 付給員工高薪的公司不會倒閉

我付給員工高薪。目前，日本國內薪水最高的是貿易公司的職員。不久之後，日本麥當勞的薪水就會超過貿易公司的職員，也許現在已經超過了也說不定。

附帶一提，根據產業勞工調查機構的調查資料顯示，一九八二年度所有產業（員工一千人以上的企業一百七十五家，平均年齡三十五歲）的平均年薪為四百九十三萬日圓，而日本麥當勞實際的平均年薪（平均年齡三十五歲，工齡兩年以上）為七百零三萬日圓。

另外，大百貨公司D公司為五百九十九萬日圓，大規模攝影器材製造商C公司為五百七十二萬日圓，大化妝品製造商S公司為五百六十一萬日圓（平均年齡全都是三十五歲，標準薪資）。

很多公司的負責人認為付高薪給員工，公司就會倒閉。但可能是我孤陋寡聞，到目前為止，我還沒有聽說過付高薪給員工，公司因而倒閉的事。

公司會倒閉，百分之九十九是因為公司的負責人是個笨蛋。

公司倒閉的最大原因是老闆沒有能力。

我這麼說，有很多公司老闆會覺得不高興，經常叮嚀我說：

「希望你來我們公司時，不要陳述這些論點。」

88 為什麼「熱騰騰便當」會成功？

現在，漢堡有一個競爭對手，就是專賣便當的商店「熱騰騰亭」——他們所賣的「熱騰騰便當」。

過去提到便當，大家都會想到從家裡帶到學校或公司的便當。

但這些專賣便當的商店，卻把便當作為讓客人帶回家的商品來銷售，而獲得極大的成功。

便當是從家裡帶出去的，這是一般的常識。打破這種常識，讓便當成為帶回家的商品，是便當專賣店大受歡迎的祕密。

我不曉得便當專賣店是不是一開始就把目標設定在「讓客人把便當帶回家食用」，也許他們是在偶然的狀況下產生這樣的結果。

如果不是偶然的結果，而是一開始就把目標設定在「讓客人把便當帶回家食用」而研發出這種商品，那麼我對便當專賣店的創意就會表示由衷的敬意。

不過，便當之所以好吃，是因為米飯好吃，而不是因為菜餚的美味。

便當的銷路那麼好，足以證明政府給老百姓吃的米有多難吃。

便當專賣店鑽這個空隙，煮好吃的米給客人食用，同時也讓客人覺得便當真是太好吃了。

不過，鑽政府給國民吃難吃米的空隙，這一點則和麥當勞相同。

89 二十七名華僑敵不過一個猶太人

在亞洲提到「華僑」，就會被當作很會做生意的代名詞。

在日本商場上，「華僑」的等級非常高。

但是從整個世界來看，華僑在商場上的等級並不是那麼高。

據說在商場上，「三名華僑敵不過一個印度商人」。然而，又有人說：「三名印度商人和一名阿拉伯商人勢均力敵」。

人外有人，天外有天，阿拉伯人就是那麼會做生意。

三名印度商人和一名阿拉伯商人勢均力敵，可見九名華僑團結起來，也不是一名阿拉伯商人的對手。

那麼「阿拉伯商人」就是最會做生意的人囉？不！強中自有強中手，還有人比阿拉伯人更會做生意。

據說「三名阿拉伯人的等級和一個猶太人相同」。

猶太商人就是那麼精明能幹！如此說來，一名猶太商人不會把二十七名華僑放在眼裡。

實在很討厭，竟然還有人比猶太商人更會做生意。

據說「三名猶太商人抵不過一名亞美尼亞商人」。

亞美尼亞商人是世界第一流的商人，這是世界公認的評價。

如果以華僑為對手的話，二十七人的三倍，也就是八十一名華僑全力對抗一名亞美尼亞商人，亞美尼亞商人也不會放在心上。

就連因為很會賺錢而受到日本人所欽佩的華僑，在亞美尼亞人面前也不過像個嬰兒。更何況是日本生意人，只能舉雙手投降。

不管日本商人有多麼優秀，在亞美尼亞人面前還不如嬰兒。

由於不如嬰兒，所以在等級上差不多是精子或卵子的程度。如果精子或卵子裝出一副「具有成年人的資格或能力」的表情來做生意，遇到亞美尼亞人時，根本毫無招架之力。

90 以從零到五千億的產業為目標

我在十年前曾經預言，漢堡的營業額在十年後將會突破一千億日圓大關。結果，情況的發展正如我所預料的那樣。

其他人在不曉得漢堡是否有未來的時候，我就預言漢堡的營業額將高達一千億日圓。能夠預言出明確的金額，而且按照此金額實現營業目標的商人，我大概是史上第一人。

過去，曾經豪言壯語，誇下海口的人，幾乎都是以吹牛皮收場。

可是我並不是不負責任，到處吹噓，吹過就算了，我是個言出必行的人。

當漢堡的年營業額達到六十億日圓時，我曾經說過，我一定會將漢堡的年營業額飆到一千億日圓。

當時，我主要來往的銀行之一A銀行的常務董事B先生就把我找去，露出可怕的表情對我說道：

「藤田先生，你能不能適可而止？」

「什麼事？」

「我知道漢堡賣得很好，你就到這裡為止吧！年營業額六十億日圓已經很不錯了，如果你還想更進一步地擴展銷路，本行沒有辦法再提供你融資。」

「沒關係，你不給我融資也無所謂！不過，我還是要創下每年一千億日圓的年營業額。」

「不！那是不可能的。如果是日式麵館連鎖店，可能可以達到一千億日圓的年營業額。可是漢堡要創下每年一千億日圓的年營業額，根本是難以辦到的事。就算營業額能夠成長，兩、三年後也不過只能成長到一百億日圓，你最好還是放棄這個念頭吧！」

「那麼，我們就結束往來的關係吧！」

拋下這句話之後，我就真的把存款轉到別家銀行去了。

然而，在日本麥當勞的年營業額超過兩百億日圓時，那位B常務就慌慌張張地驅車前來找我，並且說道：

「我提供更多的融資給你。」

「不必了。」我拒絕道。

因為當時已經有好幾家銀行願意提供融資給我了。

B常務仍舊不肯罷休地說道：「請你再與我們銀行往來吧！」

「我在年營業額六十億日圓的時候，你不是說過不再給我融資了嗎？」我嚴厲地拒絕。

就在那個時候，B常務突然說了一句令我覺得很有意思的話：「那是因為我是在A銀行上班。」

「……？」

「在銀行工作的人就是那麼笨，要是我能夠充分瞭解藤田先生你所從事的工作，我就不會在銀行上班，而會去做更有遠見的工作了。」

我覺得對方說的也沒錯，於是重新在A銀行開了戶頭。

雖然我反覆地說：「要創下年營業額一千億日圓的成績！」但連一流銀行的高級主管都認為漢堡在不久之後就會成為落伍的行業，所以世人不相信我所說的話也是理所當然的事。

去年的年營業額總算突破了七百億口圓大關，而取得了天下。今年如果達到八百五十億日圓的目標，那麼明年就可以創下一千億日圓的紀錄。眼前已經可以看得到一千億日圓的年營業額了！所以目前依然是麥當勞的天下。

雖然我曾經預言過麥當勞將可達到一千億日圓的年營業額，但我覺得明年的一千億日圓對我來說，意義並不大。

我認為一九九〇年，亦即七年後，麥當勞的年營業額將可達到兩千億日圓，而我打算在二〇〇〇年另創新高——五千億日圓。我覺得當麥當勞漢堡的年營業額達到五千億日圓時，麥當勞才能列入餐飲產業。

雖然大眾傳播媒體稱呼我們為餐飲產業，但我認為「產業」這個字眼有點狂妄。如果營業額第一的公司年營業額是數千億日圓，而第二名是第一名的一半時，稱餐飲「產業」就沒有關係，但如果是因為年營業額第一的公司為一千億日圓，而稱全體的餐飲業為「產業」，那就真的有點狂妄了。

剛開始時，我並不稱呼麥當勞店為餐廳，而叫作「高速加工食品銷售業」。因此到去年為止，我都沒有加入日本餐廳協會。

我考慮再三之後，才在去年加入餐廳協會。據說因為這樣，我才獲得農林水產大臣獎。

基於對日本餐飲產業的貢獻，麥當勞去年獲得農林水產大臣獎的殊榮。

由於這個緣故，為了在被人稱為餐飲「產業」而不至於覺得不好意思，本公司首先想要達成一千億日圓的年營業額，讓世人有目共睹。

我在一九七一年成立日本麥當勞之初，曾經對員工提到「到了二千年，漢堡將會成為巨大產業。」因此，也強調「到二千年之前，我們必須努力三十年。」我看到的不是眼前一千億日圓的產業，我的目標是創下二十一世紀的巨大產業。

不過，日本麥當勞十二年來，創下從零到一千億日圓的年營業額而取得天下，對今後有志於從事各行各業的人來講，應該具有很大的鼓勵作用。

雖然我的目標是成為二十一世紀的巨大產業，但以目前的階段來講，日本麥當勞的牛肉年消耗量已經達到一萬噸。由於全國牛肉的消耗量約為四十五萬噸，所以本公司一家就消耗了全國四十五分之一的牛肉量。政府從澳大利亞進口加工用的牛肉為八千噸，所以麥當勞即使使用全部的進口肉也不夠。

製造漢堡所消耗的魚肉量，約佔全日本魚獲量的一半。至於生菜，則全部使用四國所生產的生菜。

請讀者不妨思考看看——當日本麥當勞成為五千億日圓的產業時，這些協力廠商情況會變成怎樣？

日本麥當勞不單只是五千億日圓的餐飲產業，也應當會成為在各方面帶來重大影響的企業。不僅能讓擁有鉅萬財富的員工一個接一個地出現，許多人還會因而蒙受恩惠，日本麥當勞將會成為對社會更有貢獻的企業。

因此，我打算更加努力地工作。

日本麥當勞成為五千億日圓的產業時，我應該會成為日本第一會賺錢的人。不過，先決條件是累進課稅的稅率必須從最高的百分之九十三降下來才行。

〈全書終〉

國家圖書館出版品預行編目資料

日本第一の猶太商人／A・艾德華 主編
-- 初版 -- 新北市：新潮社， 2018.10
面； 公分
ISBN 978-986-316-723-5（平裝）
1.企業管理 2.成功法 3.猶太民族

494 107013938

日本第一の猶太商人
A・艾德華／主編

出版人 翁天培
企　劃 天蠍座文創製作
出　版 新潮社文化事業有限公司
電話：(02) 8666-5711
傳真：(02) 8666-5833
E-mail：service@xcsbook.com.tw

印前作業 東豪印刷事業有限公司
印刷作業 福霖印刷有限公司

總經銷 創智文化有限公司
新北市土城區忠承路89號6F（永寧科技園區）
電話：(02) 2268-3489
傳真：(02) 2269-6560

初　版 2018年10月